ACTUALITÉS SCIENTIFIQUES

LE PRINCIPE DE RELATIVITÉ

PAR

E.-M. LÉMERAY.

Cours libre
professé à la Faculté des Sciences de Marseille
pendant le premier trimestre 1915.

PARIS,
GAUTHIER-VILLARS ET Cie, ÉDITEURS,
LIBRAIRES DU BUREAU DES LONGITUDES, DE L'ÉCOLE POLYTECHNIQUE,
Quai des Grands-Augustins, 55.

1916

PARIS. — IMPRIMERIE GAUTHIER-VILLARS ET Cie,
56215 Quai des Grands-Augustins, 55.

ACTUALITÉS SCIENTIFIQUES

LE PRINCIPE DE RELATIVITÉ

PAR

E.-M. LÉMERAY.

Cours libre
professé à la Faculté des Sciences de Marseille
pendant le premier trimestre 1915.

PARIS,
GAUTHIER-VILLARS ET Cie, ÉDITEURS,
LIBRAIRES DU BUREAU DES LONGITUDES, DE L'ÉCOLE POLYTECHNIQUE,
Quai des Grands-Augustins, 55.

1916

LE

PRINCIPE DE RELATIVITÉ.

INTRODUCTION.

1. C'est de la fin du siècle dernier et du commencement de celui-ci qu'il faut dater les premiers travaux modernes sur le principe d'indépendance de l'absolu transformé sous le nom de *principe de relativité*. Le Mémoire fondamental de M. H.-A. Lorentz parut dans les *Amsterdam Proceedings*, 1903-1904.

Bientôt les résultats expérimentaux devinrent de plus en plus favorables à la théorie.

Dès 1905, M. Einstein admit sans hésitation le principe appliqué d'abord avec prudence par Lorentz et lui donna une grande extension.

Depuis lors, de nouveaux problèmes ont surgi; de nombreuses études ont été faites pour en découvrir la solution. Telles sont, par exemple, les recherches sur la gravitation.

Dans un Cours ne devant compter qu'un nombre restreint de leçons, il n'est pas possible de donner une idée même approchée de tous ces travaux. La Science est d'ailleurs sur plusieurs points en pleine évolution.

Il est préférable de se borner à exposer les fondements de la théorie en laissant même de côté les questions qui ne sont pas nécessaires à ce but. C'est ainsi qu'à propos des phénomènes électromagnétiques, nous ne considérerons pas le cas des diélectriques.

Les principes de la théorie sont les suivants :

La vitesse de la lumière dans le vide est constante et indépendante de la vitesse du foyer, au moins quand ce foyer est animé d'un mouvement uniforme. Les lois des phénomènes naturels sont indépendantes de l'état de mouvement du système de coordonnées par rapport auquel les phénomènes sont observés, pourvu que ce système ne soit pas animé d'un mouvement accéléré (principe de relativité).

2. Il importe de signaler tout spécialement qu'il s'agit ici de science positive au sens strict. Non seulement on écartera toute discussion métaphysique sur le temps et l'espace, mais encore on n'aura à invoquer aucune hypothèse particulière sur la nature intime des phénomènes. Nous n'aurons pas à nous préoccuper de l'existence ou de la non-existence de l'éther, non plus que de la nature de la lumière, du mécanisme intime des actions électromagnétiques.

Il nous sera indifférent qu'on admette l'hypothèse de l'émission, l'hypothèse des ondulations de l'éther ou la théorie électromagnétique ([1]).

Il est d'autant plus nécessaire d'insister sur ce point que c'est à propos de la *théorie des électrons* que la transformation de Lorentz a été établie; que l'hypothèse des ondulations de l'éther est, à première vue, incompatible avec le principe de relativité; que l'hypothèse de l'émission est, à première vue, incompatible avec la constance de la vitesse de la lumière ; que la dynamique dite *de la relativité* a été établie à partir de l'électrodynamique en admettant hypothétiquement que la matière est constituée par les deux électricités.

En outre, les résultats auxquels nous parviendrons étant affranchis de ces hypothèses, auront plus de chances de durée, quels que soient les changements que l'avenir pourrait apporter à nos idées sur elles.

Cela ne nous interdit pas, cependant, d'examiner en passant si une hypothèse est incompatible avec les principes.

3. Caractère et rôle du principe de relativité. — Le mot *principe* est-il juste ? Nous considérons le principe de l'énergie comme une vérité profonde. En est-il de même du principe de relativité ?

Le principe de conservation de l'énergie constitue

([1]) Ce n'est qu'après établissement de la théorie que nous admettrons l'existence des charges électriques.

une affirmation d'une puissante objectivité. Il y a dans la nature quelque chose que nous nommons *énergie;* sa définition, sa mesure sont subjectives; mais nous affirmons que cette chose existe indépendamment de nous; c'est une grandeur concrète et nous affirmons qu'elle est invariable.

Il en est tout autrement du principe de relativité. Malgré tous les énoncés qu'on en a donnés, depuis celui qui implique les notions de repos et de mouvement absolus, jusqu'à ceux qui en sont complètement affranchis, il présente un caractère tout spécial qu'on lui a souvent reproché. En effet, bien qu'on ne s'en aperçoive pas à première vue, l'énoncé du principe implique que les mesures faites à l'occasion d'un même phénomène par différents observateurs, soient différentes si ces observateurs ne sont pas en repos relatif. Qu'à travers la diversité des mesures, seules choses que nous connaissions immédiatement, tout s'arrange si bien que les lois des phénomènes restent les mêmes, c'est ce que beaucoup se refusent encore à admettre. Ils doutent qu'un tel point de départ puisse servir de base à des réalités.

Cependant, en s'y refusant, on est peut-être dupe de notre habituelle tendance à tout objectiver, à confondre trop souvent les sens des mots *existence* et *réalité*.

Tel corps mesure pour un observateur une certaine longueur; pour un autre, il mesure une autre longueur. Les deux mesures, même si elles diffèrent, sont aussi *réelles* l'une que l'autre.

D'ailleurs, il n'est pas dit que les lois physiques soient faites pour satisfaire au principe. Le rôle du physicien consiste à constater que, dans nombre de cas, les lois expérimentales sont telles que le principe est satisfait, et si l'on a toujours, plus ou moins intuitivement, admis ce principe, c'est qu'il a justement son origine dans l'expérience.

Seulement, on n'avait pas examiné attentivement s'il est toujours satisfait.

En second lieu, le principe est-il d'application générale? Peut-il être étendu à tous les mouvements? Cela est possible. A défaut d'une preuve expérimentale directe, il faut observer qu'une accélération absolue n'est pas plus intelligible qu'une vitesse absolue ([1]).

Quant au rôle qu'il joue, on peut, même en s'en tenant aux mouvements uniformes, en montrer l'importance pour deux raisons principales.

Ce n'est pas qu'il fasse ressortir l'incompatibilité de certaines hypothèses avec certains faits, cela serait peu de chose; on aurait eu simplement à rejeter ces hypothèses et à les remplacer par d'autres; c'eût été peu nouveau comme méthode de travail; mais il conduit à une conclusion d'une portée beaucoup plus grande : il a mis en évidence la con-

---

([1]) *Voir* § 11

tradiction que présentaient entre elles certaines *lois expérimentales* considérées jusqu'alors comme rigoureuses.

Il faut donc conclure que quelques-unes, au moins, de ces lois n'étaient qu'approximatives. C'est qu'en effet, si l'expérience est la source première et indispensable de nos connaissances, elle ne comporte qu'une exactitude limitée. Dans un premier groupe de phénomènes, un élément peut avoir une influence non nulle, mais assez faible pour nous échapper; dans un autre groupe, l'influence devient sensible. La comparaison des résultats, c'est-à-dire la théorie, met alors en lumière leur incompatibilité et montre qu'en admettant la loi primitive comme exacte pour toutes les valeurs des variables, nous avions fait une extrapolation illégitime.

C'est ce qui se présente dans le cas de la Dynamique classique. Elle constitue une science d'ordonnance parfaite dans laquelle on tirait, de trois principes, des conséquences qui avaient été vérifiées par l'expérience.

Ces principes étaient eux-mêmes d'origine quasi expérimentale en ce sens qu'ils étaient obtenus par extrapolation de faits observés.

Mais il arriva que certains faits du domaine de l'Électrodynamique ne se plièrent pas aux exigences de la Mécanique générale. Il fallut examiner de nouveau les trois principes; on s'aperçut qu'ils manquaient de précision. Considérés comme absolus, ils semblaient indépendants de l'observateur destiné à les appliquer. Lorsqu'on voulut préciser, on rencontra des contradictions qu'il fallut résoudre. C'est ainsi qu'on a été conduit à une théorie nouvelle.

D'autre part, l'importance du principe de relativité vient de ce qu'il constitue un instrument de coordination et, par conséquent, de découverte d'une puissance singulière.

4. **L'expérience, la théorie et l'hypothèse.** — Des méthodes d'investigation que nous possédons pour arriver à la connaissance des lois naturelles, la première est la méthode expérimentale; la seconde, la théorie qui s'efforce de relier les faits connus; la troisième et, bien entendu, la moins sûre est l'hypothèse par laquelle nous tentons de combler les lacunes de la théorie. L'hypothèse joue un rôle provisoire, mais nécessaire; elle a rendu de grands services en suggérant l'idée d'expériences nouvelles; elle a aussi une séduction certaine; croire que nous avons découvert un secret que la nature tenait caché : l'éther, par exemple, n'est pas pour nous déplaire. Cependant l'emploi simultané de l'expérience et de la théorie peut seul nous fournir la certitude, du moins une quasi-certitude physique.

En dehors des applications pratiques, la méthode scientifique a toujours consisté à interroger l'expérience, à augmenter le domaine des faits, puis à les relier théoriquement, c'est-à-dire à découvrir les principes d'origine quasi expérimentale, strictement nécessaires et suffisants pour retrouver, par voie déductive, les faits connus et pour en découvrir de nouveaux.

Or l'introduction du principe de relativité permet d'établir une théorie bien cohérente qui, certes, ne constitue pas une synthèse explicative, mais ce qu'on pourrait peut-être appeler une *synthèse purement logique*. Des exemples feront comprendre ce qu'il faut entendre par là.

La théorie cinétique est une synthèse explicative partielle et qui peut être considérée aujourd'hui comme l'expression fidèle de la réalité. On suppose une certaine constitution des corps; on en déduit des lois déjà connues, ou des lois nouvelles.

La théorie de l'éther de Fresnel, l'hypothèse du déplacement de Maxwell, la théorie de Ritz pour les raies spectrales sont des tentatives de synthèses explicatives partielles.

Dans les synthèses explicatives, on part d'éléments primordiaux. Si l'on entend par synthèses purement logiques des exposés où l'on part de certains postulats, sans s'occuper de savoir s'ils sont primordiaux ou non, pour en tirer, par voie déductive, des conséquences qu'on pourra comparer aux faits, alors la Dynamique classique, la Thermodynamique, la présente théorie sont des synthèses purement logiques. Les synthèses purement logiques sont des synthèses d'avant-garde qui feront place, plus tard, aux synthèses explicatives. Elles ne peuvent satisfaire notre désir de connaître *le fond des choses*, mais elles répondent ou tendent, au moins, à répondre à notre besoin de certitude.

Cela est d'autant plus précieux que, sur ce terrain, nous ne possédons aucune synthèse explicative. Nous ignorons les causes profondes de la gravitation et des forces électromagnétiques. Les essais de Maxwell, ceux de Bjerkness sur les sphères pulsantes, l'hypothèse de Lesage et celles qui en dérivent n'ont jamais réussi qu'à faire ressortir de simples analogies sans fournir l'amorce d'une explication vraiment satisfaisante. Il faut nous contenter actuellement d'une synthèse purement logique et faire nos efforts pour la rendre plus complète et plus rigoureuse.

En outre, l'adoption franche du principe de relativité a fourni l'indication des points sur lesquels il convient d'accroître la précision expérimentale.

5. Sans faire ici l'historique détaillé des idées, il y a lieu toutefois de marquer quelques points de leur évolution.

Le XVIIIe siècle nous avait légué la Dynamique classique dans son développement essentiel. On savait que la seule force bien connue : la gravitation, est régie par la loi de Newton. Elle était considérée comme ayant la même valeur lors du repos et lors du mouvement et comme se transmettant instantanément. Avec Coulomb et Green survint le développement de l'Électrostatique; à part le fait de la conduction, la force électrique rentrait complètement dans le moule de la Mécanique et suivait les mêmes lois que la gravitation. Elle mettait toutefois les physiciens en présence de forces *répulsives*.

Les découvertes d'Œrstedt et d'Ampère, puis de Faraday, apportaient des faits d'un caractère nouveau qui ne rentrèrent nullement dans les cadres antérieurs, malgré les tentatives d'Ampère faites pour élargir ces cadres.

Si, conformément à l'hypothèse toujours présente dans les esprits, un courant consiste en un mouvement des électricités dans un fil conducteur, deux courants parallèles ne devraient, contrairement à l'expérience, exercer aucune action l'un sur l'autre, si toutefois on considère les électricités comme ayant l'une des propriétés essentielles attribuées jusqu'ici aux corps ordinaires.

On est alors conduit à une loi de force plus générale que celle de l'Électrostatique. On introduit la notion de champ magnétique; une charge en mouvement est soumise d'abord au champ électrique dont la définition est, de plus, étendue; en outre, elle est soumise à une force supplémentaire perpendiculaire à la vitesse et au champ magnétique, proportionnelle à leur produit et au sinus de leur angle. Mais Maxwell prévoit que deux corps chargés animés d'une *même* vitesse n'exercent plus aucune force électromagnétique l'un sur l'autre, si la vitesse d'entraînement est égale à celle de la lumière; or, pour les observateurs entraînés, la force doit être la même qu'au repos. Il y a contradiction manifeste.

Une autre difficulté se présente au sujet de la vitesse de la lumière. Admettons l'existence de l'éther. Ce milieu est sensiblement immobile. Une onde se propage avec la vitesse V indépendante du mouvement du foyer. Par suite, si divers observateurs sont animés de mouvements uniformes de directions variées, ils devront mesurer, pour la vitesse de la lumière, par rapport à eux-mêmes, des valeurs différentes. La même difficulté se présente dans la théorie électromagnétique de la lumière. Une difficulté analogue se présenterait dans l'hypothèse de l'émission où la lumière doit, semble-t-il, participer à la vitesse du foyer.

Pour trancher la question, qui peut se ramener à une expérience d'interférences, Michelson [1] fit interférer deux rayons lumineux qui, avant d'avoir la même direction finale, parcourent des trajets perpendiculaires; le premier est d'abord réfléchi sur

---

[1] A. Michelson, *Phil. Mag.*, t. VIII, 1904, p. 716.

une glace sans tain inclinée à 45°, vient atteindre normalement un miroir, traverse la glace; l'autre traverse d'abord la glace, tombe normalement sur un second miroir, est renvoyé vers la glace où il se réfléchit dans la direction finale du premier rayon; les deux rayons peuvent interférer et, suivant l'orientation de tout l'appareil relativement au mouvement de la Terre, on devrait observer un déplacement appréciable des franges. Rien de pareil ne fut observé et, grâce aux grands progrès réalisés dans les méthodes expérimentales, on put affirmer que l'effet attendu ne se produisait pas.

C'est pour rendre compte de ce résultat négatif que Lorentz et Fitzgerald furent amenés à supposer que les corps en état de mouvement uniforme subissent, dans le sens du mouvement, une réduction de leurs dimensions.

C'était là, sans doute, une hypothèse; mais une hypothèse de fait qui n'est invérifiable que parce que nous ne pouvons donner à un corps une vitesse assez grande. Cette découverte, avancée avec prudence par ses auteurs, rencontra naturellement une vive opposition.

6. Une autre contradiction fut aussi mise en évidence.

L'Électrodynamique, basée sur l'expérience, fait prévoir que, si deux corps chargés maintenus à distance sont animés d'un même mouvement et si la droite qui les joint fait un angle non nul avec l'entraînement, ces deux corps sont soumis à des forces parallèles, non opposées; il doit en résulter un couple ayant pour effet d'orienter la droite qui les joint parallèlement à la vitesse. MM. Trouton et Noble ([1]) chargèrent un condensateur plan mobile autour d'un axe; le couple prévu était suffisant pour que le condensateur montrât une tendance à s'orienter avec les plateaux parallèles au mouvement de la Terre. Cela eût été en désaccord avec toutes nos idées sur la relativité des phénomènes physiques. On a en effet toujours admis que, si un physicien fait des expériences dans un laboratoire, le mouvement d'entraînement n'exerce sur les mesures qu'il fait aucune influence, à moins pourtant que la force centrifuge n'atteigne une intensité suffisante. Cela n'est pas autre chose que le principe de relativité. Le résultat de l'expérience fut négatif. Pour en rendre compte, M. Langevin appliqua une méthode générale pour résoudre les problèmes de la Dynamique électromagnétique ([2]). W_e et W_m désignant les énergies électrique et magnétique, l'intégrale

$$\int_{t_0}^{t_1} (W_e - W_m)\, dt$$

doit rester stationnaire; l'auteur considère ce prin-

([1]) Trouton et Noble, *Proc. Roy. Soc.*, t. LXXII, 1903, p. 132.

([2]) P. Langevin, *C. R. Acad. Sc.*, t. CXL, 1905, p. 1171.

cipe de variation nulle comme résultat d'une induction basée sur des principes uniquement électromagnétiques ([1]). Pour une configuration d'équilibre, la fonction de Lagrange ([2]) $L = W_e - W_m$ ne varie pas avec le temps. Dans le cas du condensateur, et si l'on admet la contraction longitudinale, la fonction de Lagrange L' pour le système en mouvement a pour valeur

$$L' = L\sqrt{1 - \left(\frac{v}{V}\right)^2},$$

v et V étant la vitesse d'entraînement et la vitesse de la lumière. L' est donc indépendante de l'orientation et le condensateur restera en équilibre dans une position quelconque par rapport au mouvement de la Terre.

7. Les expériences de Michelson et de Trouton et Noble, ainsi que les différents phénomènes lumineux et électromagnétiques, se ramènent, au point de vue théorique, aux équations du champ électromagnétique et à l'expression de la force qui s'exerce sur une charge en mouvement. Lorsque ces équations générales eurent été établies sur une base expérimentale, il fut constaté qu'elles ne gardaient

---

([1]) P. Langevin, *Revue des Sciences pures et appliquées*, 30 mars 1905, p. 266.

([2]) Max Abraham, *Ions, Électrons, Corpuscules*, fasc. 1, 1906, p. 35.

pas la même forme quand on passait d'un système de référence à un autre en mouvement par rapport au premier; ce qui veut dire, au point de vue physique, que les lois des phénomènes observés étaient différentes pour les différents observateurs. Pour effectuer ce passage d'un système à un autre, on appliquait la transformation classique dite *de Galilée* : x_1, y_1, z_1, t_1 et x_2, y_2, z_2, t_2 étant les coordonnées et le temps respectivement pour deux observateurs S_1, S_2, la transformation de Galilée la plus simple consiste dans les relations

$$x_1 = x_2 + u t_2, \qquad y_1 = y_2, \qquad z_1 = z_2, \qquad t_1 = t_2,$$

u étant la vitesse uniforme dont S_2 est animé par rapport à S_1, suivant le sens des x positifs pris parallèlement à la translation.

Lorentz eut l'idée de remplacer cette transformation par une autre choisie de telle sorte que les équations pussent garder la même forme.

C'est alors qu'Einstein posant, *a priori*, les deux principes sur lesquels Lorentz s'était implicitement appuyé, donna, de la transformation de Lorentz, une démonstration purement cinématique.

Ensuite fut constituée la dynamique de l'électron, conforme au principe de relativité; elle fut étendue au cas des corps matériels sous le nom de *dynamique de la relativité;* celle-ci apparaît ainsi comme une conséquence de l'Électrodynamique. Une telle méthode d'exposition, conforme à l'ordre chronologique, a été adoptée par M. Laue [1] et, si le temps nous l'avait permis, nous nous serions d'abord placé à ce point de vue. C'est ce que nous ferons en partie pour établir la transformation de Lorentz à partir des deux principes énoncés; nous en donnerons deux démonstrations : la première sera faite en trois temps et en considérant des cas particuliers très simples afin de bien saisir le sens physique ; la seconde, que nous emprunterons à M. Laue, est tout abstraite, mais a l'avantage d'être très brève.

8. Notre but étant de présenter un exposé aussi net que possible, dût-il être de portée restreinte, mais de spécialiser le plus tard possible quant à l'origine des forces en jeu, nous avons été conduit à suivre une méthode d'exposition différente. Nous limiterons notre étude aux champs de force. Cette restriction n'est peut-être pas aussi grande qu'elle peut le paraître, puisque, jusqu'à présent, on a toujours interprété les phénomènes physiques comme dus à des mouvements sous l'action de forces diverses. Nous établirons la dynamique de la relativité dans le cas des états quasi stationnaires, en complète indépendance de l'électrodynamique, et en nous appuyant sur trois principes.

---

(1) Laue, *Das Relativitätsprinzip* (Vieweg und Sohn, Braunschweig, 1911).

Le premier diffère peu du principe de constance de la vitesse de la lumière; le second est le principe des travaux virtuels; le troisième, la loi expérimentale fondamentale de Galilée-Newton (nouvelle forme du principe de l'inertie) considérée comme valable dans le cas le plus restreint.

Il nous suffira, pour établir la dynamique de la relativité, de nous appuyer sur la transformation de Lorentz, qui résultera aussi du nouvel énoncé, et sur les travaux de Poincaré. Nous obtiendrons ensuite sans hypothèse nouvelle, et par voie déductive, les lois fondamentales des forces entre corps en repos ou en mouvement, les lois de l'électrostatique, de l'électrodynamique, de l'induction par déplacement relatif des conducteurs, de l'induction par variation du champ ou, ce qui revient au même, les équations du champ électromagnétique, sinon dans le cas le plus général, mais néanmoins valables quelque rapide que soit la variation en un point fixe; nous montrerons : que l'égalité de l'action et de la réaction des forces *motrices* n'est plus un principe, mais un théorème applicable dans certains cas et pour certains observateurs; que la loi de Newton-Coulomb, qui fait intervenir la distance, peut être obtenue à l'exclusion de toute autre; qu'en ce qui concerne l'attraction newtonienne, il ne peut exister de substance *simple* dont tous les éléments s'attireraient ou que, du moins, les corps qui en seraient constitués n'obéiraient pas aux principes posés. Nous verrons aussi que la masse n'est pas la mesure de la matière, mais bien, ainsi qu'Einstein l'a annoncé le premier, de l'énergie; et que, peut-être, celle-ci est douée de poids.

En raison de sa brièveté, notre exposé sera très incomplet. Nous laisserons de côté plusieurs résultats mathématiques intéressants : interprétation géométrique de la transformation de Lorentz, etc. pour ne pas trop nous éloigner du point de vue physique.

Pour en faciliter la lecture, nous nous abstiendrons de faire appel à la théorie des vecteurs proprement dite. Quand l'occasion s'en présentera, nous ferons les calculs sur les équations ordinaires; mais nous écrirons les résultats au moyen des notations vectorielles à cause de la concision qu'elles permettent et dont nous allons donner la signification.

Avant d'y procéder, qu'il nous soit permis d'exprimer tous nos remerciements à l'imprimerie Gauthier-Villars pour les soins apportés à l'exécution typographique.

9. Principales notations vectorielles à trois dimensions :

Produit intérieur ou scalaire de deux vecteurs a, b aux composantes a_x, a_y, a_z; b_x, b_y, b_z :

$$(ab) = a_x b_x + a_y b_y + a_z b_z.$$

C'est une quantité égale au produit des deux vecteurs et du cosinus de leur angle. Par exemple, le travail élémentaire d'une force F aux composantes X, Y, Z dont le point d'application décrit un élément de courbe ds aux composantes dx, dy, dz est

$$d\mathfrak{T} = (\mathrm{F}\, ds) = \mathrm{X}\, dx + \mathrm{Y}\, dy + \mathrm{Z}\, dz.$$

Produit extérieur ou vectoriel de deux vecteurs $[ab]$, aux trois composantes

$$\begin{aligned} [ab]_x &= a_y b_z - a_z b_y \\ [ab]_y &= a_z b_x - a_x b_z \qquad [ab] = -[ba]. \\ [ab]_z &= a_x b_y - a_y b_x \end{aligned}$$

Il constitue un vecteur dont la grandeur est proportionnelle au produit des deux vecteurs et au sinus de leur angle; par exemple, la surface d'un parallélogramme construit sur les deux vecteurs; sa direction est normale au plan des deux vecteurs.

Opérations différentielles. — Le symbole de différentiation est représenté par ∇; ∇ est un vecteur symbolique aux composantes ∇_x, ∇_y, ∇_z; ∇_x, par exemple, indique la dérivée par rapport à x.

Gradient. — Soit ψ une quantité scalaire; par exemple un potentiel électrostatique; $\nabla\psi$ (sans parenthèse) représente un vecteur, le gradient de potentiel aux composantes

$$\nabla_x \psi, \quad \nabla_y \psi, \quad \nabla_z \psi,$$

c'est-à-dire

$$\frac{d\psi}{dx}, \quad \frac{d\psi}{dy}, \quad \frac{d\psi}{dz}.$$

Divergence d'un vecteur a. — C'est le produit symbolique intérieur des deux vecteurs ∇ et a :

$$(\nabla a) = \nabla_x a_x + \nabla_y a_y + \nabla_z a_z,$$

c'est-à-dire

$$(\nabla a) = \frac{da_x}{dx} + \frac{da_y}{dy} + \frac{da_z}{dz}.$$

Curl d'un vecteur a. — C'est le produit symbolique extérieur $[\nabla a]$ des vecteurs ∇ et a; ses trois composantes sont

$$\nabla_y a_z - \nabla_z a_y, \quad \nabla_z a_x - \nabla_x a_z; \quad \nabla_x a_y - \nabla_y a_z,$$

c'est-à-dire

$$\frac{da_z}{dy} - \frac{da_y}{dz}, \quad \frac{da_x}{dz} - \frac{da_z}{dx}, \quad \frac{da_y}{dx} - \frac{da_x}{dy}.$$

Dérivées d'un scalaire ou d'un vecteur par rapport au temps. — Si a est un scalaire, sa dérivée est $\frac{da}{dt}$; si a est un vecteur, $\frac{da}{dt}$ est un vecteur aux composantes

$$\frac{da_x}{dt}, \quad \frac{da_y}{dt}, \quad \frac{da_z}{dt}.$$

Laplacien. — Si a est un scalaire, son laplacien est

$$\Delta a = \frac{d^2 a}{dx^2} + \frac{d^2 a}{dy^2} + \frac{d^2 a}{dz^2}.$$

Si a est un vecteur, Δa représente les trois quantités Δa_x, Δa_y, Δa_z.

Dalembertien. — Le dalembertien [1] s'applique comme le laplacien aux scalaires et aux vecteurs; on a, par exemple, dans le cas d'un scalaire,

$$\Box_v a = \frac{d^2 a}{dx^2} + \frac{d^2 a}{dy^2} + \frac{d^2 a}{dz^2} - \frac{1}{v^2}\frac{d^2 a}{dt^2} = \Delta a - \frac{1}{v^2}\frac{d^2 a}{dt^2},$$

v est homogène à une vitesse.

Dans la suite, quand l'indice v ne sera pas indiqué et qu'on écrira simplement $\Box$, il sera sous-entendu qu'il s'agit de la vitesse V de la lumière dans le vide.

10. Pour ne pas disjoindre les notions relatives à la théorie des vecteurs à trois dimensions, nous dirons quelques mots des tenseurs dont l'emploi nous sera utile au Chapitre VII. La notion de tenseur s'est introduite dans l'étude de l'élasticité des solides. Nous représenterons les tenseurs par des lettres grasses.

Considérons d'abord le cas simple d'une traction ou d'une compression. Une tige cylindrique est fixée par l'une de ses extrémités et chargée à l'autre extrémité d'une force F parallèle aux génératrices. La tige se déforme un peu, puis reste en équilibre grâce à la réaction —F du point de suspension; elle est soumise à deux forces égales et contraires;

---

[1] Cette dénomination a été employée déjà par Lorentz. (*The Theory of Electrons*, p. 17. Teubner, 1909.)

la tension est le rapport de la force F à la section de la tige ω, supposée avoir infiniment peu varié :

$$T = \frac{F}{\omega}.$$

Supposons que la tige, soumise à la charge F fixée à l'extrémité libre, soit encore soumise à une force extérieure, par exemple la pesanteur, que nous supposerons agir aussi parallèlement aux génératrices. La réaction du point de suspension sera la somme de F et du poids P de la tige; la tension varie naturellement avec la distance au point fixe. Supposons la tige homogène et soit ρ sa densité. Si F est, par exemple, une traction de même sens que la pesanteur, la tension, à une distance x au-dessus de l'extrémité inférieure, sera

$$T = \frac{F + \omega\rho x g}{\omega}.$$

La force qui s'exerce sur un élément de hauteur dx est $\omega\rho g\,dx$. Or

$$\frac{dT}{dx} = \rho g.$$

La force, due à la gravité, qui s'exerce sur l'élément de volume $\omega\,dx$ est égale au produit de ce volume par la force qui s'exerce sur l'unité de volume; celle-ci est la *densité de force*. Sa valeur est ρg; on a donc

$$\text{densité de force} = \rho g = \frac{dT}{dx}.$$

Il en serait de même pour le cas d'une force variable avec x, comme l'est d'ailleurs la gravité.

La torsion d'une tige va nous conduire à des résultats de même nature. Considérons (*fig.* 1) un

Fig. 1.

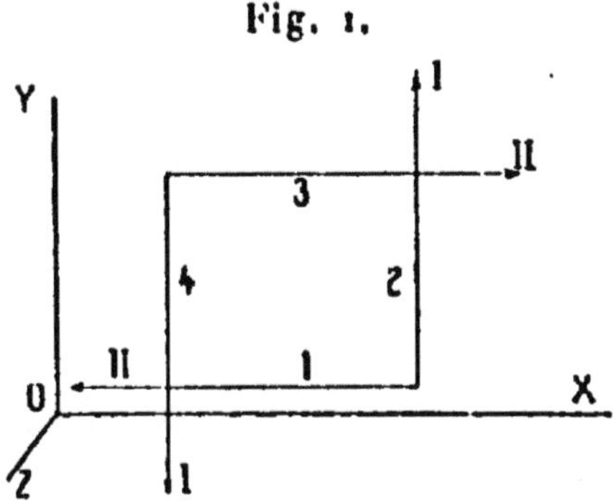

cube élémentaire d'arêtes parallèles aux axes. Supposons-le soumis à une torsion pure autour de l'axe OZ normal au tableau. Lors de l'équilibre élastique, la face 4 est soumise à une force tangentielle I↓ et la face 2 à une force tangentielle I↑ égale à la précédente; les faces 1 et 3 sont de même soumises à des forces II ← et → égales et contraires. Pour que le cube soit en équilibre, c'est-à-dire ne tourne pas, il faut que le couple total soit nul; il faut avoir

$$I = II.$$

On établit que, dans le cas général d'un corps limité, soumis sur sa surface à des efforts arbitraires, mais sans variation brusque, on peut le décomposer en cubes élémentaires d'arêtes parallèles aux axes, et à chacun desquels sont appliquées des forces susceptibles d'être décomposées suivant les trois axes comme on vient de le faire pour l'axe OZ.

Les faces normales à OX subissent le tenseur :

T_{xx} dirigé suivant OX,
T_{yx} » OY,
T_{zx} » OZ.

Il en est de même pour les faces normales à OY et ensuite à OZ avec les conditions

$$T_{xy} = T_{yx}, \qquad T_{yz} = T_{zy}, \qquad T_{zx} = T_{xz},$$

de sorte que l'élément est soumis au tenseur

$$\begin{matrix} T_{xx} & T_{xy} & T_{xz} \\ T_{yx} & T_{yy} & T_{yz} \\ T_{zx} & T_{zy} & T_{zz} \end{matrix}$$

symétrique par rapport à la diagonale et ayant six composantes distinctes. On voit que les tenseurs sont des quantités *à deux indices*.

Quand aucune force extérieure n'agit sur l'élément du volume, on a

$$\frac{dT_{xx}}{dx} + \frac{dT_{xy}}{dy} + \frac{dT_{xz}}{dz} = 0,$$
$$\frac{dT_{yx}}{dx} + \frac{dT_{yy}}{dy} + \frac{dT_{yz}}{dz} = 0,$$
$$\frac{dT_{zx}}{dx} + \frac{dT_{zy}}{dy} + \frac{dT_{zz}}{dz} = 0.$$

Le cas de la tige soumise à une traction et non pesante est un cas particulier de celui-là.

Dans le cas où chaque élément est soumis à une force extérieure, les seconds membres ne sont plus nuls : ils contiennent les composantes de la densité de force. Nous voyons donc que ces composantes sont les divergences des tensions suivant les axes correspondants.

Les différents auteurs n'ont pas tous employé la même notation pour représenter cette opération : nous adopterons le symbole suivant :

$$\text{densité de force} = [\nabla \mathbf{T}].$$

Le crochet [ ] indique que le résultat est un vecteur. Il ne peut se produire aucune confusion avec le symbole $[\nabla a]$ du curl d'un vecteur; car, dans l'équation ci-dessus, la lettre grasse indique un tenseur; de sorte que, par définition, la divergence vectorielle d'un tenseur est l'opération qui vient d'être indiquée. Cette relation peut donc s'énoncer ainsi : la densité de force extérieure est la divergence vectorielle du tenseur élastique. Le cas de la tige pesante, soumise à une traction verticale, est le cas le plus particulier de celui-là.

La notion de tenseur n'est pas spéciale à la théorie de l'élasticité. Dans l'hydrostatique, les tenseurs sont les pressions avec cette simplification que les pressions sont normales aux surfaces qui limitent les fluides.

CHAPITRE I.

TRANSFORMATION DE LORENTZ.

11. Pour établir la transformation de Lorentz, nous nous appuierons d'abord sur les deux principes déjà énoncés (§ 1). Le principe de relativité avait été, au début, plus ou moins implicitement appliqué sous la forme suivante : « Par aucun procédé, des observations en mouvement ne peuvent déceler leur mouvement absolu, au moins si ce mouvement est uniforme. »

M. Einstein (¹), pour lequel cet énoncé a le tort de présupposer l'existence d'axes privilégiés (liés à l'éther par exemple), a proposé l'énoncé déjà mentionné :

« Les lois des phénomènes naturels sont indépendantes de l'état de mouvement du système de coordonnées par rapport auquel les phénomènes sont observés, pourvu que ce système ne soit pas animé d'un mouvement accéléré. »

Quant à la difficulté de concevoir un mouvement

(¹) A. Einstein, *Ann. der Phys.*, t. XVII, 1905, p. 891.

accéléré ou non, sans envisager des axes privilégiés, elle a été reconnue par Einstein lui-même, qui a d'ailleurs cherché à s'affranchir de cette restriction de manière à considérer le principe comme étant d'application générale [1].

Ralentissement des phénomènes internes dans un système en mouvement uniforme. — Considérons d'abord deux villes U et U′ jointes par une route rectiligne. Une voiture part de U, se dirige vers U′; elle emporte des pigeons voyageurs originaires de U; un observateur O_2, placé dans la voiture, libère un pigeon à des intervalles de T minutes; chacun d'eux se dirige vers U, où un observateur O_1 note l'heure d'arrivée; de même O_1 libère, aux mêmes intervalles de T minutes, des pigeons originaires de U′; ils atteignent la voiture et la dépassent; O_2 note les heures de leurs passages au-dessus de la voiture. Appelons T_1 l'intervalle d'arrivée en O_1, T_2 l'intervalle d'arrivée en O_2. Si l'on admet qu'il ne fait pas de vent, que les pigeons ont tous la même vitesse V, si l'on néglige le temps perdu par chacun d'eux au départ, et si l'on admet qu'ils n'emportent aucune quantité de mouvement (à cause de la résistance de l'air), il est facile de calculer T_1 et T_2; le problème est analogue au problème des courriers. En désignant par v la vitesse

(1) A. Einstein, *Arch. de Genève*, t. XXXVII, 15 janv. 1914, p. 12.

constante de la voiture, on trouve

$$(1)\qquad T_1 = T\left(1+\frac{v}{V}\right), \qquad T_2 = \frac{T}{1-\frac{v}{V}}.$$

Si, par exemple, la vitesse des pigeons est de 80^{km}, celle du véhicule de 64^{km}, et si T est de 5 minutes, on aura pour T_1 9 minutes, et pour T_2 25 minutes. Les périodes de réception ne sont pas égales et diffèrent d'autant plus que la vitesse v du véhicule, supposée plus petite que celle des pigeons, en diffère moins. Si, à la limite, $v = V$, $T_1 = 2T$ et T_2 est infini. En effet, dans ce cas, les pigeons originaires de U' ne peuvent atteindre la voiture.

Remplaçons maintenant les pigeons par des signaux lumineux brefs envoyés à travers l'espace; V représente alors la vitesse de la lumière, v la vitesse d'un des observateurs par rapport à l'autre, qui peut se considérer comme étant au repos; nous aurons alors les relations (1).

Or, ce que nous venons de conclure pour les pigeons, le principe refuse de l'admettre pour la lumière. En effet, les *deux* relations (1) nous font connaître T_1 et T_2 en fonction de T et v; nous pourrions décider lequel des observateurs serait en repos par rapport à l'espace, ce qui n'aurait aucun sens, de même que dans le cas des pigeons, les relations (1) nous font savoir quel est l'observateur immobile par rapport à la Terre; c'est O_1.

Il faut donc que, par suite d'une circonstance que nous avons à découvrir, les deux périodes de réception T_1 et T_2 deviennent égales. Les observateurs doivent s'attribuer mutuellement la même vitesse relative. Or, le *seul* élément intervenant dans les formules est la période d'envoi des signaux; cela nous montre quelle est l'hypothèse *implicite* sur laquelle notre calcul est basé : la période d'envoi est la même dans les deux cas. Il faut donc lui en substituer une autre. Considérons O_1 comme étant en repos; sa période d'envoi des signaux est T, par définition. Il faut donc que, dans le système O_2, la période d'envoi soit différente, à l'insu de O_2, égale à KT par exemple; la période de réception par O_1 sera, non plus T_1, mais

$$T'_1 = KT(1 + \lambda)$$

en posant

$$v = \lambda V.$$

Quant aux signaux de période T émis par O_1, puisque la montre de O_2 a une oscillation d'une durée K fois plus grande, il mesurera non plus l'intervalle T_2, mais bien

$$T'_2 = \frac{T}{K(1 - \lambda)}.$$

Pour que T'_1 et T'_2 soient égaux, on doit poser

$$K = \sqrt{1 - \lambda^2}.$$

Les équations (1) se réduisent à l'équation unique

$$(2)\quad T' = T\sqrt{\frac{1+\lambda}{1-\lambda}} \quad \text{(phénomène de Doppler-Fizeau)}\ [1]$$

qui ne permet plus de calculer que la vitesse relative en fonction de la période de réception observée ou réciproquement.

Si les observateurs se rapprochaient, il faudrait remplacer λ par $-\lambda$. Dans l'exemple précédent, on aura $T' = 15$ minutes.

Appelons *facteur de Lorentz* la quantité $\sqrt{1-\lambda^2}$. *Les mouvements internes sont ralentis proportionnellement au facteur de Lorentz*. L'unité de temps est donc $\frac{1}{\sqrt{1-\lambda^2}}$ fois plus grande. Supposons, par exemple, $\lambda = \frac{4}{5}$; le facteur de Lorentz sera de $\frac{3}{5}$.

12. Si tout le long de la trajectoire de O_2 se trouvent des montres immobiles par rapport à O_1 et réglées les unes sur les autres, *les* observateurs placés près d'elles et voyant passer *la* montre O_2 constateront qu'elle retarde de plus en plus. Réciproquement, l'observateur O_2 voyant passer successivement devant lui *les* montres de l'autre système,

---

(1) En négligeant λ^2, on trouve

$$T' = T(1+\lambda),$$

les verra avancer de plus en plus. Il est clair que l'on peut répéter ce qui précède en permutant les indices 1 et 2.

Il en sera nécessairement de même de tous les phénomènes périodiques, y compris les phénomènes physiologiques : respiration, battements du cœur, etc., de sorte que *différents* observateurs d'un système voyant passer *un même* observateur de l'autre système le verront vieillir moins vite qu'eux; et *un* observateur d'un système voyant passer successivement les *différents* observateurs de l'autre, les verra vieillir plus vite.

13. On tire de ce qui précède deux corollaires : K doit être réel; il faut que λ soit plus petit que 1. *Donc aucun corps ne peut atteindre une vitesse supérieure à celle de la lumière*. Par suite, un observateur ne peut atteindre une vitesse telle que le cours des événements qu'il observe soit renversé.

Puisque la lumière est de l'énergie rayonnante, celle-ci, dès qu'elle est rayonnée par les corps, prend la vitesse V; dès lors, pour un observateur lié à la partie de l'énergie considérée et supposé n'avoir connaissance d'aucune autre énergie, cette énergie est *toujours* liée aux corps; car, dès qu'il a la vitesse V, sa montre s'arrête; la vie de l'observateur est suspendue.

14. Heure locale dans un système en mouve-

ment. — Dans un système en repos O_1, l'heure locale, l'heure en chaque lieu, c'est simplement l'heure, les montres marquent la même heure; leurs indications identiques sont simultanées. Nous avons vu que différentes montres entraînées avec O_2 ne peuvent marquer la même heure pour O_1; les événements simultanés dans O_2 ne sont pas simultanés dans O_1. Comment peut-on procéder, pour régler deux montres l'une sur l'autre ? On peut employer deux méthodes opposées. Bornons-nous, pour plus de simplicité dans le raisonnement, au cas où les deux montres sont placées dans O_1 sur une parallèle à la trajectoire de O_2. Considérons d'abord celles qui sont fixes dans O_1. On peut ne déplacer aucune des deux montres; on se placera à égale distance des deux; on comparera leurs indications; s'il y a une différence, on se transportera près de l'une d'elles et l'on changera la position de l'aiguille.

On peut opérer autrement : on laisse la montre étalon en place, on apporte l'autre près d'elle, on la met à l'heure; on la reporte à la position qu'elle doit occuper, avec une vitesse infiniment petite, sans quoi l'indication ultérieure serait faussée. A cette condition, les deux méthodes donneront le même résultat.

Considérons maintenant les montres liées à O_2 et supposons que, dans ce système, les opérateurs emploient la seconde méthode. Choisissons pour origine la montre placée en O_2; pour mettre à l'heure une montre H_2, on l'apporte en O_2, on la met à l'heure, puis elle sera reportée avec une vitesse infiniment petite à sa position définitive à une distance l de O_2. Soit μV la vitesse du déplacement. Pour parvenir à la distance l, l'horloge H_2 emploie une durée (mesurée aux montres H_1 du système fixe) égale à

$$\frac{l}{\mu V}.$$

Pendant ce trajet, les horloges H_1 font $\frac{l}{\mu V}$ oscillations; l'horloge placée à l'origine O_2 n'en fait que

$$\frac{l}{\mu V}\sqrt{1-\lambda^2}$$

et H_2 n'en fait que

$$\frac{l}{\mu V}\sqrt{1-(\lambda+\mu)^2};$$

donc H_2 sera, à son arrivée, en retard sur O_2 de

$$\frac{l}{V}\frac{\sqrt{1-\lambda^2}-\sqrt{1-(\lambda+\mu)^2}}{\mu}.$$

Mais μ est infiniment petit; le rapport prend la forme $\frac{0}{0}$. En levant l'indétermination, on a, pour ce retard,

$$\frac{l\lambda}{\sqrt{1-\lambda^2}}.$$

Les horloges marquent donc les heures suivantes :

$$t \qquad \text{(horloges du système } O_1\text{)},$$
$$t\sqrt{1-\lambda^2} \qquad \text{(horloge } O_2\text{)},$$
$$(3) \qquad t\sqrt{1-\lambda^2} - \frac{\lambda l}{V\sqrt{1-\lambda^2}} \qquad \text{(horloge } H_2\text{)}.$$

Si $\lambda = \frac{4}{5}$ et si $\frac{l}{V} = 1$ minute, les observateurs du système O_1 dont les horloges marquent, par exemple, 5 minutes, constateront que l'horloge O_2 marque 3 minutes, et l'horloge H_2 1 minute 40 secondes.

L'expression (3) donne l'heure locale à la distance l de l'origine O_2. On remarque que la vitesse infiniment petite μV, qui n'avait pas d'influence sur la marche des montres dans le système considéré comme en repos, en exerce, au contraire, une dans le système en mouvement.

Une analyse semblable dans le cas où les montres se trouvent sur une normale à l'entraînement montre qu'elles fournissent les mêmes indications. *L'heure locale est la même dans tout plan normal à l'entraînement.*

15. Contraction longitudinale. — Revenons aux deux observateurs, O_1 considéré comme en repos, et O_2; supposons-les munis de règles divisées de fabrication identique et liées à chacun d'eux respectivement. O_1 regarde à la fois la montre de O_2 et le point où O_2 se trouve sur la règle liée à O_1 et placée dans la direction $O_1 O_2$. La lumière venue de O_2 apporte à la fois à O_1 les deux indications qu'il peut aisément comparer. Peu lui importe de savoir où se trouve O_2 actuellement, c'est-à-dire à l'heure où il reçoit les deux indications. Il l'a vu passer à l'origine des temps; puis, lorsque la montre de O_2 indique l'heure t, il est aux montres H_1 l'heure

$$\frac{t}{\sqrt{1-\lambda^2}},$$

et comme la vitesse est v, O_2 est devant la division

$$l_1 = \frac{vt}{\sqrt{1-\lambda^2}}.$$

Mais O_2 fait de même; la division à laquelle se trouve O_1 sur la règle liée à O_2 est

$$l_2 = vt.$$

Quand les opérateurs, qui auront eu soin de noter leurs observations, viendront à se les communiquer, ils constateront la différence des mesures faites; ils pourraient en déduire leur vitesse par rapport à l'espace où la lumière se propage. Pour qu'il ne puisse en être ainsi, il faut que les observateurs s'attribuent mutuellement aux mêmes heures les mêmes distances.

Comme le seul élément *nouveau* qui intervienne

ici est la longueur des divisions, il faut que, par le fait même de la translation, cette longueur ait varié et varié de telle sorte que, lorsque O_2 voit la montre de O_1 marquer l'heure t, la division correspondante sur la règle mobile soit, non pas vt, mais

$$\frac{vt}{\sqrt{1-\lambda^2}}.$$

Puisque la lecture faite doit être plus grande, c'est que les divisions de la règle mobile sont plus petites dans le rapport $\sqrt{1-\lambda^2}$ à 1. On dit qu'il y a contraction longitudinale. *Les dimensions parallèles à l'entraînement sont réduites proportionnellement au facteur de Lorentz.* Il est clair que O_2 verra la règle de O_1 contractée et il est facile de s'en rendre compte même en supposant encore O_1 immobile et O_2 en mouvement. Ce résultat nécessaire semble paradoxal parce que, dans le raisonnement, on est induit en erreur par l'application de règles anciennes, ancrées dans notre esprit. Concevons que, devant un observateur immobile, passe un objet cylindrique dont la vitesse est parallèle aux génératrices et dont la longueur au repos est connue. Ce corps étant en mouvement, sa longueur est réduite et l'observateur immobile constatera cette contraction en repérant les positions des extrémités, *à un même instant*, sur une règle fixe.

Supposons maintenant le cylindre en repos et l'observateur en mouvement; on est tenté de raisonner ainsi : le cylindre a repris sa longueur primitive et, comme la règle servant aux mesures s'est contractée, le cylindre paraîtra plus long qu'au repos. Bien au contraire, il paraîtra plus court et aura la même longueur que lors des mouvements inverses. La faute du raisonnement précédent vient d'une interprétation erronée des mots « au même instant ». Ils signifient « aux mêmes heures locales ». En reprenant ainsi le calcul, on trouve bien que le cylindre paraîtra contracté.

On a demandé si cette contraction est bien « réelle ». La question ne peut même pas être posée. Il est bien clair que la réduction de longueur n'est ni plus ni moins réelle que la longueur elle-même. Les deux évaluations, bien que différentes, sont réelles toutes les deux. Une mesure de distance est subjective. *Au contraire, le dénombrement d'objets distincts serait le même pour les deux observateurs.*

Nous verrons plus loin (§ 21) que, dans certains cas, la contraction ne se produit pas.

16. Invariance des dimensions normales à la vitesse. — Deux observateurs O_2, O'_2 (*fig.* 2) décrivent deux trajectoires rectilignes normales à la droite qui les joint, avec une vitesse λV rapportée à un observateur O_1 lié à OX que nous prendrons parallèle au mouvement. O_2 a réglé sa montre en passant en O_1 et a donné l'heure à O'_2 ; l'heure prise en passant en O_1 est prise pour origine du temps. Il est convenu que O_2 lance dans tout l'espace, à l'origine du temps, un signal lumineux bref. Si λ est

Fig. 2.

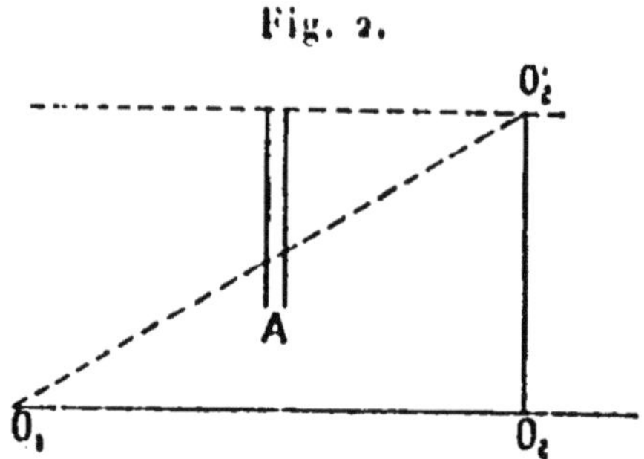

nul et si l_1 est la distance $O_2O'_2$ mesurée par O_1, l'heure d'arrivée à O'_2 est évidemment

$$\frac{l_1}{V}.$$

Soit $\lambda \neq 0$. Quelle est la position de $O_2O'_2$ quand le signal parvient à O'_2 ? Soit $O_1O_2 = x_1$ l'abscisse commune mesurée par O_1; la lumière qui parvient à O'_2 est celle due à un rayon $O_1O'_2$ de longueur r_1 mesurée par O_1, et telle que

$$r_1^2 = x_1^2 + l_1^2 \qquad (x_1 = \lambda V t_1),$$
$$r_1 = V t_1.$$

Entre ces trois équations, éliminons x_1 et r_1; il vient

$$\lambda^2 V^2 t_1^2 + l_1^2 = V^2 t_1^2,$$

$$t_1 = \frac{l_1}{V\sqrt{1-\lambda^2}}.$$

L'heure marquée aux montres O_2 et O'_2 est

$$t_2 = t_1\sqrt{1-\lambda^2}.$$

On a donc

$$t_2 = \frac{l_1}{V}.$$

Elle est la même que si les observateurs étaient en repos par rapport à O_1; l_1 est la distance $O_2O'_2$ mesurée par O_1; soit l_2 la distance mesurée par les observateurs O_2 ou O'_2, par exemple au moyen d'une règle entraînée avec eux; ils doivent vérifier la relation

$$t_2 = \frac{l_2}{V}.$$

On en tire $l_1 = l_2$; *toute dimension normale à l'entraînement est donc invariante.*

Il est aisé de voir que O'_2 aperçoit O_2 là où il est actuellement, c'est-à-dire suivant la droite qui les joint. S'il regarde O_2 à travers un tube à paroi opaque ouvert aux deux bouts, ce tube en se déplaçant doit rester normal à l'entraînement de manière que le signal lumineux bref qui est entré par l'extrémité A trouve toujours le chemin libre devant lui jusqu'à ce qu'il arrive en O'_2. Il y a *aberration*.

Dans les cas particuliers précédents, nous avons obtenu les conditions nécessaires pour que les principes soient satisfaits. En examinant le cas général où les observateurs ont des positions quelconques par rapport à l'entraînement, on vérifie que ces conditions sont suffisantes.

Enfin, au lieu de règles divisées de longueur suffisante, on peut se servir d'une base et d'angles pour mesurer les distances. On arriverait aux mêmes conclusions.

17. Considérons deux systèmes d'axes trirectangulaires S_1, S_2 (*fig.* 3) liés à O_1 et O_2, parallèles,

Fig. 3.

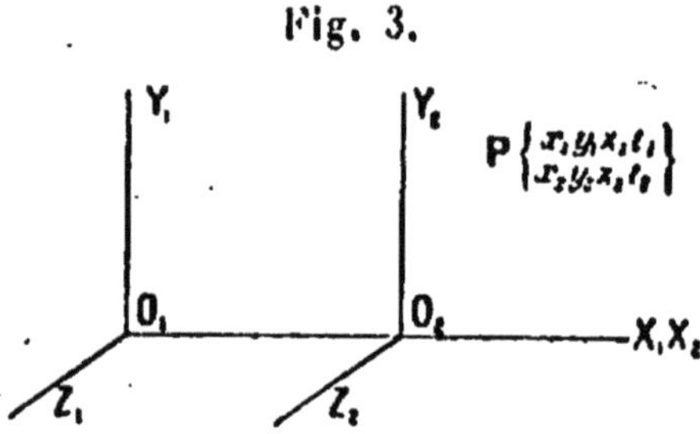

orientés dans le même sens et placés de telle sorte que les axes des x coïncident. Le système S_2 est animé, par rapport à S_1, d'une translation de vitesse λV parallèle à OX ; réciproquement, S_1 est animé, par rapport à S_2, d'une vitesse $-\lambda V$.

Considérons un point P fixe ou mobile. Pour les observateurs liés à S_1, il aura au temps t_1 les coordonnées x_1, y_1, z_1 ; et pour les observateurs liés à S_2, il aura au temps t_2 les coordonnées x_2, y_2, z_2. Établissons les relations entre ces deux systèmes de quatre variables en nous appuyant sur les résultats obtenus.

Si l'origine des temps pour les deux systèmes est

prise à l'instant où les deux origines O_1, O_2 coïncident, en entendant par là que les deux montres O_1, O_2 marquent l'heure zéro quand elles sont au même point, la différence des abscisses de P et de O_2 pour O_1 est $x_1 - \lambda V t$; x_2 étant la lecture faite par O_2, on a, à cause de la contraction longitudinale,

$$x_1 - \lambda V t_1 = x_2\sqrt{1-\lambda^2}.$$

On a, d'autre part,

$$y_1 = y_2, \qquad z_1 = z_2.$$

Quant à l'heure locale dans le système S_2, on a, par application de (3),

$$t_2 = t_1\sqrt{1-\lambda^2} - \lambda\frac{x_1 + \lambda V t_1}{V\sqrt{1-\lambda^2}}.$$

Résolvons ces équations tour à tour par rapport à x_1, y_1, z_1, t_1 et x_2, y_2, z_2, t_2 :

$$\text{(I)}\quad\left\{\begin{array}{llll} x_1 = \dfrac{x_2 + \lambda V t_2}{\sqrt{1-\lambda^2}}, & y_1 = y_2, & z_1 = z_2, & t_1 = \dfrac{t_2 + \dfrac{\lambda}{V}x_2}{\sqrt{1-\lambda^2}}; \\ x_2 = \dfrac{x_1 - \lambda V t_1}{\sqrt{1-\lambda^2}}, & y_2 = y_1 & z_2 = z_1, & t_2 = \dfrac{t_1 - \dfrac{\lambda}{V}x_1}{\sqrt{1-\lambda^2}}. \end{array}\right.$$

Ces relations constituent la transformation de Lorentz.

Voici la deuxième démonstration ([1]) : L'expres-

([1]) LAUE, *loc. cit.*, p. 38. — Nous modifions légèrement la démonstration de M. Laue pour éviter une rédite au paragraphe 20.

sion mathématique de la loi de propagation de la lumière dans le vide consiste dans la relation

$$\square = \Delta - \frac{1}{V^2}\frac{d^2}{dt^2} = 0,$$

portant sur les vecteurs caractéristiques. Cherchons les relations linéaires entre x_1, y_1, z_1, t_1 et x_2, y_2, z_2, t_2, pour lesquelles cette relation se transforme en elle-même. La substitution linéaire la plus générale, telle que pour $t_1 = 0$, $x_1 = 0$, $y_1 = 0$, $z_1 = 0$, on ait $t_2 = 0$, $x_2 = 0$, $y_2 = 0$, $z_2 = 0$, est de la forme

$$x_2 = \alpha(x_1 - \lambda V t_1),\quad y_2 = \beta y_1,\quad z_2 = \beta z_1,\quad t_2 = \gamma t_1 - \delta x_1,$$

α, β, γ, δ étant des fonctions de λ à déterminer :

Soit une fonction $\varphi(x_2, y_2, z_2, t_2)$; après transformation, on a la fonction

$$\varphi[\alpha(x_1 - \lambda V t_1), \beta y_1, \beta z_1, \gamma t_1 - \delta x_1].$$

En différentiant on a

$$(6)\quad \left\{\begin{aligned}
\frac{d\varphi}{dx_1} &= \alpha\frac{d\varphi}{dx_2} - \delta\frac{d\varphi}{dt_2},\\
\frac{d\varphi}{dt_1} &= -\alpha\lambda V\frac{d\varphi}{dx_2} + \gamma\frac{d\varphi}{dt_2},\\
\frac{d\varphi}{dy_1} &= \beta\frac{d\varphi}{dy_2}, \qquad \frac{d\varphi}{dz_1} = \beta\frac{d\varphi}{dz_2},\\
\frac{d^2\varphi}{dx_1^2} &= \alpha^2\frac{d^2\varphi}{dx_2^2} - 2\alpha\delta\frac{d^2\varphi}{dx_2\,dt_2} + \delta^2\frac{d^2\varphi}{dt_2^2},\\
-\frac{1}{V^2}\frac{d^2\varphi}{dt_1^2} &= -\alpha^2\lambda^2\frac{d^2\varphi}{dt_2^2} + 2\alpha\gamma\frac{\lambda}{V}\frac{d^2\varphi}{dx_2\,dt_2} - \gamma^2\frac{1}{V^2}\frac{d^2\varphi}{dt_2^2},\\
\frac{d^2\varphi}{dy_1^2} &= \beta^2\frac{d^2\varphi}{dy_2^2}, \qquad \frac{d^2\varphi}{dz_1^2} = \beta^2\frac{d^2\varphi}{dz_2^2}.
\end{aligned}\right.$$

Par addition des quatre dernières relations on obtient $\square_1$; pour que la condition $\square_1 \varphi = 0$ se transforme en $\square_2 \varphi = 0$, il faut que les coefficients de

$$\frac{d^2\varphi}{dx_2^2}, \quad \frac{d^2\varphi}{dy_2^2}, \quad \frac{d^2\varphi}{dz_2^2}, \qquad -\frac{1}{V^2}\frac{d^2\varphi}{dt_2^2}$$

soient égaux entre eux et que le coefficient de

$$\frac{d^2\varphi}{dx_2\,dt_2}$$

soit nul. Cela donne

$$\alpha = \gamma = \frac{\beta}{\sqrt{1-\lambda^2}}, \qquad \delta = \frac{\beta}{\sqrt{1-\lambda^2}}\frac{\lambda}{V}.$$

Mais, pour $\lambda = 0$, les coordonnées et le temps doivent être égaux et de même signe; il faut prendre le signe $+$. On trouve ainsi les relations (1).

Les formules (6) deviennent alors :

$$(6')\quad \left\{ \begin{aligned} &\frac{d\varphi}{dx_1} = \frac{1}{\sqrt{1-\lambda^2}}\left(\frac{d\varphi}{dx_2} - \frac{\lambda}{V}\frac{d\varphi}{dt_2}\right), \qquad \frac{d\varphi}{dy_1} = \frac{d\varphi}{dy_2}, \\ &\frac{d\varphi}{dt_1} = -\frac{1}{\sqrt{1-\lambda^2}}\left(\lambda V \frac{d\varphi}{dx_2} - \frac{d\varphi}{dt_2}\right), \qquad \frac{d\varphi}{dz_1} = \frac{d\varphi}{dz_2}, \\ &\frac{d^2\varphi}{dx_1^2} = \frac{1}{1-\lambda^2}\left[\frac{d^2\varphi}{dx_2^2} - 2\frac{\lambda}{V}\frac{d^2\varphi}{dx_2\,dt_2} + \frac{\lambda^2}{V^2}\frac{d^2\varphi}{dt_2^2}\right], \\ -\frac{1}{V^2}&\frac{d^2\varphi}{dt_1^2} = -\frac{1}{1-\lambda^2}\left[\lambda^2\frac{d^2\varphi}{dx_2^2} - \frac{2\lambda}{V}\frac{d^2\varphi}{dx_2\,dt_2} + \frac{1}{V^2}\frac{d^2\varphi}{dt_2^2}\right], \\ &\frac{d^2\varphi}{dy_1^2} = \frac{d^2\varphi}{dy_2^2}, \qquad \frac{d^2\varphi}{dz_1^2} = \frac{d^2\varphi}{dz_2^2}. \end{aligned} \right.$$

On aura les formules réciproques en permutant les indices et en changeant le signe de λ.

Jusqu'ici l'axe des x a joué un rôle privilégié. Pour passer au cas d'une vitesse relative aux projections u, v, w, nous poserons

$$W = \Lambda V, \qquad W^2 = u^2 + v^2 + w^2,$$

et nous écrirons

$$t_2 = \frac{1}{\sqrt{1-\Lambda^2}}\left(t_1 - \frac{1}{V^2}(u x_1 + v y_1 + w z_1)\right),$$

$$u x_2 + v y_2 + w z_2 = \frac{1}{\sqrt{1-\Lambda^2}}(u x_1 + v y_1 + w z_1 - \Lambda^2 V^2 t_1).$$

$$v z_2 - w y_2 = v z_1 - w y_1,$$
$$w x_2 - u z_2 = w x_1 - u z_1.$$

La première équation donne t_2. Multiplions la seconde par w, la troisième par v, la quatrième par $-u$. Additionnons, nous obtenons

$$z_2 = z_1 - w\left\{\frac{t_1}{1-\Lambda_2} - \frac{1}{W^2}(W r_1)\left(\frac{1}{\sqrt{1-\Lambda^2}} - 1\right)\right\},$$

où r_1 est le vecteur aux composantes x_1, y_1, z_1. Si l'on désigne par r_2 le vecteur aux composantes x_2, y_2, z_2, la relation précédente et les deux autres analogues se condensent en l'équation vectorielle

$$(\text{I}') \quad r_2 = r_1 - W\left\{\frac{t_1}{\sqrt{1-\Lambda^2}} - \frac{1}{W^2}(W r_1)\left(\frac{1}{\sqrt{1-\Lambda^2}} - 1\right)\right\}.$$

Comme les transformations de Galilée de la

Mécanique classique, les transformations de Lorentz forment un groupe : si l'on fait une première transformation, puis sur le résultat une seconde transformation, le résultat ainsi obtenu aurait pu l'être directement sans passer par la première transformation.

Faisons une application de la transformation (I).

18. Explosion ponctuelle. Entraînement partiel. — Supposons que dans le système S_2 se produise une explosion ponctuelle, par exemple, à l'origine. De ce point partent, dans toutes les directions, des mobiles animés d'une même vitesse constante μV. Dans S_2 le lieu de ces mobiles au temps t_2 est la sphère

$$x_2^2 + y_2^2 + z_2^2 = \mu^2 V^2 t_2^2.$$

Quel sera le lieu pour le système S_1? Il suffit d'appliquer les relations (I), ce qui donne l'ellipsoïde de révolution aplati (*fig.* 4)

$$(x_1 - \lambda V t_1)^2 + (1 - \lambda^2)(y_1^2 + z_1^2) = \mu^2 V^2 \left(t_1 - \frac{\lambda x_1}{V}\right)^2,$$

$$\text{Abscisse du centre } \lambda V t_1 \frac{1 - \mu^2}{1 - \lambda^2 \mu^2},$$

$$\text{Demi-axe de révolution } \mu V t_1 \frac{1 - \lambda^2}{1 - \lambda^2 \mu^2},$$

$$\text{Demi-diamètre équatorial } \mu V t_1 \sqrt{\frac{1 - \lambda^2}{1 - \lambda^2 \mu^2}}.$$

On voit que la vitesse du centre est plus petite que la vitesse d'entraînement λV, puisque λ et μ sont plus petits que 1. Il y a *entraînement partiel.*

Si l'on néglige λ^2, on retombe sur le coefficient

d'entraînement de Fresnel. Cet important résultat est une simple conséquence de la découverte de Lorentz.

Fig. 4.

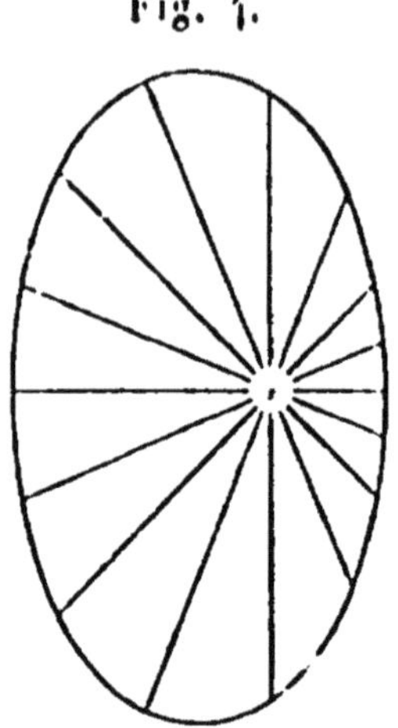

Cas limite $\mu = 1$. — L'abscisse du centre reste constamment nulle, le centre est donc immobile; il n'y a pas d'entraînement; le lieu est *pour les deux systèmes* une sphère de rayon Vt.

19. Corollaire. — Dans l'hypothèse de l'émission, des mobiles partent du foyer avec une vitesse V; cette hypothèse n'est donc pas incompatible, comme on pouvait le croire à première vue, avec le principe de constance de la vitesse de la lumière, puisque, malgré le déplacement de la source, le signal lumineux instantané a pour lieu, à chaque instant, une sphère de centre immobile et de rayon égal à Vt pour tous les observateurs. L'hypothèse de l'émission, celle des ondulations de l'éther et la théorie électromagnétique sont également admissibles à ce point de vue.

20. Ici peuvent se placer quelques remarques qui vont nous conduire au second point de vue (Introduction, § 10).

Le premier principe est relatif à la lumière, c'est-à-dire à un phénomène spécial, et qui n'est pas élémentaire; le second est au contraire extrêmement général puisqu'il s'applique à tous les phénomènes.

D'autre part, si l'on a soin de distinguer la Dynamique proprement dite (qui est une science, inexacte peut-être, mais en tout cas positive) de ce qu'on a appelé le *mécanisme*, c'est-à-dire la tentative infructueuse d'expliquer, par exemple, les phénomènes électriques par ce qu'on savait de la mécanique des corps neutres, alors on conçoit qu'une dynamique générale bien construite devrait s'appliquer à toutes les forces possibles que l'observation et l'expérience peuvent lui offrir comme sujets d'étude.

Au lieu d'embrasser tous les phénomènes, nous nous restreindrons aux seuls mouvements et aux forces; on est alors naturellement conduit à remplacer le premier principe du paragraphe 1 par un autre un peu différent, portant sur les grandeurs essentielles en Mécanique, c'est-à-dire les forces, sans entendre par là que la force soit un élément primordial et sans ouvrir aucune discussion sur sa nature.

Champ de force. — L'expérience nous apprend que, dans certains cas, un corps invariable P, maintenu *immobile* par l'observateur, est soumis à des forces quand il est mis en présence de corps C fixes ou en mouvement. Le champ de force est la limite du rapport de la force exercée sur un corps P composé d'une substance déterminée et *immobile*, au volume de ce corps, quand ce volume tend vers zéro. (On peut, s'il y a lieu, parler de densité en surface et remplacer alors le volume par la surface.) On ne préjuge pas ainsi que le corps P ne soit pas capable de réagir sur les corps C [1]. En effet, par suite de la petitesse de P, la réaction, si elle se produit, sera négligeable. De la sorte l'introduction de P ne modifie pas le champ, c'est-à-dire ne fait pas varier la force exercée sur un autre corps également petit, déjà placé dans le champ des corps C, pourvu toutefois que ce corps ne soit pas très près de P.

Le champ des corps C sera dit *statique* ou *cinétique* suivant que les C seront au repos ou en mouvement.

Nous adopterons le principe suivant :

a. Soit un champ de force aux composantes X, Y, Z. *Chacune de ses composantes doit satisfaire, en dehors des corps auxquels le champ est dû, à la condition* $\square_V = 0$, *le nombre* V *étant universel;* ou plus brièvement : le dalembertien de

---

[1] C'est ainsi qu'une charge finie induit sur des conducteurs chargés de nouvelles charges qui viennent modifier le champ primitif dû à ces conducteurs.

tout champ est nul dans le vide. Cela posé, le principe de relativité est contenu dans le principe *a*, du moins pour ce qui concerne les champs de force, sans quoi ce dernier principe n'aurait aucun sens; il y est même contenu sous une forme tout à fait générale puisqu'il n'est apporté aucune restriction aux mouvements des C. Dire que les C sont en mouvement, c'est dire qu'ils sont en mouvement par rapport à un système d'axes (un observateur, par exemple). Dès lors, ils sont en mouvement par rapport à tous les systèmes d'axes qui sont en mouvement par rapport au premier (certains mouvements pouvant être nuls comme cas très particulier).

La relation $\Box_V = o$ doit être vérifiée pour tous systèmes d'axes en mouvement.

Nous ne nous occuperons pas du cas général où l'on considère deux systèmes d'axes de référence ayant un mouvement relatif quelconque, mais seulement du cas où ce mouvement relatif est uniforme.

Or si l'on applique, dans ce cas, la transformation classique de Galilée, la relation ne se vérifie pas. On est donc conduit à chercher une autre transformation.

En partant du principe *a*, on obtient la transformation de Lorentz par une méthode semblable à celle du paragraphe 17.

CHAPITRE II.
CINÉMATIQUE.

21. Remarquons tout d'abord que, puisque d'après Lorentz aucun corps ne peut atteindre une vitesse supérieure à V qui est finie, la règle classique de composition des vitesses de même direction et la règle du parallélogramme des vitesses ne peuvent être conservées.

Vitesses. — Dans les relations (I), x_1, y_1, z_1, t_1 et, de même, x_2, y_2, z_2, t_2 sont variables indépendantes. Considérons maintenant le mouvement d'un point; ses coordonnées sont fonctions du temps. Posons

$$(7)\quad u=\frac{dx}{dt},\qquad v=\frac{dy}{dt},\qquad w=\frac{dz}{dt},\qquad W^2=u^2+v^2+w^2.$$

Ces lettres seront affectées des indices 1 et 2 suivant le système auquel on les rapporte. Par différentiation des relations (I), on obtient

$$(\text{II})\quad \begin{cases} \dfrac{dt_1}{dt_2}=\dfrac{1+\lambda\dfrac{u_2}{V}}{\sqrt{1-\lambda^2}}, & u_1=\dfrac{u_2+\lambda V}{1+\lambda\dfrac{u_2}{V}}, \\[2ex] v_1=v_2\dfrac{\sqrt{1-\lambda^2}}{1+\lambda\dfrac{u_2}{V}}, & w_1=w_2\dfrac{\sqrt{1-\lambda^2}}{1+\lambda\dfrac{u_2}{V}}. \end{cases}$$

On en tire les formules réciproques en permutant les indices et en remplaçant λ par $-\lambda$.

Ces formules ont été données pour la première fois par Einstein (¹).

Équation de continuité. — Considérons dans S_2 un tuyau de section constante ω_2 recourbé en forme de contour fermé, immobile et rempli d'un fluide immobile de densité ρ_2; soit ds_2 l'élément de longueur : $ds_2^2 = dx_2^2 + dy_2^2 + dz_2^2$. La quantité de fluide doit être la même pour les deux observateurs liés à S_2 et à S_1

$$\rho_1 \omega_1 ds_1 = \rho_2 \omega_2 ds_2.$$

Pour plus de simplicité, représentons par x_1 l'excès de l'abscisse d'un point du tuyau sur l'abscisse de l'origine de S_2 mobile dans S_1; à cause de la contraction longitudinale, nous aurons

$$\rho_1 = \frac{\rho_2}{\sqrt{1-\lambda^2}}, \qquad x_1 = x_2\sqrt{1-\lambda^2};$$

la condition précédente s'écrit

$$\frac{\rho_2}{\sqrt{1-\lambda^2}} \omega_1 \sqrt{dx_1^2 + dy_1^2 + dz_1^2} = \rho_2 \omega_2 \sqrt{dx_2^2 + dy_2^2 + dz_2^2},$$

ce qui nous donne la section droite

$$\omega_1 = \omega_2 \sqrt{1-\lambda^2} \frac{\sqrt{dx_2^2 + dy_2^2 + dz_2^2}}{\sqrt{dx_2^2(1-\lambda^2) + dy_2^2 + dz_2^2}}.$$

(¹) A. Einstein, *Ann. der Phys.*, t. XVII, 1905, p. 891.

Supposons maintenant qu'au lieu d'être immobile dans le tuyau, le fluide y circule avec une vitesse constante $W_2(W_2^2 = u_2^2 + v_2^2 + w_2^2)$; on a d'abord

$$dx_2 = ds_2 \frac{u_2}{W_2}, \ldots;$$

par suite,

$$\omega_1 = \omega_2 \sqrt{1-\lambda^2} \frac{W_2}{\sqrt{u_2^2(1-\lambda^2) + v_2^2 + w_2^2}}.$$

Remarquons que le fluide conserve dans S_2 la même densité moyenne ou plutôt *la même concentration* ρ_2; en effet il doit toujours remplir le tuyau. S'il est formé de particules discontinues, il est possible que chacune se contracte dans le sens de son mouvement, mais leur concentration ne peut changer. Pour S_2 le courant a pour intensité $\rho_2 \omega_2 W_2$.

Au regard du système S_1, l'intensité du courant doit aussi être la même tout le long du circuit. Il est facile de voir quelle valeur elle doit prendre. En effet pour S_1 les phénomènes internes du système S_2 doivent être ralentis proportionnellement au facteur de Lorentz; l'intensité aura donc pour valeur

$$\rho_2 \omega_2 W_2 \sqrt{1-\lambda^2}.$$

Nous allons l'exprimer au moyen des quantités d'indice 1. Sa valeur en chaque point est

$$\rho_1 \omega_1 \sqrt{(u_1')^2 + v_1^2 + w_1^2},$$

où u_1^r est la vitesse relative

$$u_1^r = u_1 - \lambda V = \frac{u_2 + \lambda V}{1 + \lambda \frac{u_2}{V}} - \lambda V = \frac{u_2(1 - \lambda^2)}{1 + \lambda \frac{u_2}{V}}.$$

On a, en tenant compte des relations précédentes et des relations (II),

$$\rho_1 = \rho_2 \frac{1 + \lambda \frac{u_2}{V}}{\sqrt{1 - \lambda^2}}.$$

Pour la densité de courant, on a

$$\begin{aligned} \sqrt{1 - \lambda^2}\, \rho_2 u_2 &= \rho_1 u_1^r, \\ \rho_2 v_2 &= \rho_1 v_1, \\ \rho_2 w_2 &= \rho_1 w. \end{aligned}$$

Supposons qu'il y ait conservation dans S_2; on a alors l'équation de continuité

$$0 = \frac{d\rho_2}{dt_2} + \frac{d}{dx_2}(\rho_2 u_2) + \frac{d}{dy_2}(\rho_2 v_2) + \frac{d}{dz_2}(\rho_2 w_2).$$

Cette propriété doit être vérifiée dans S_1. Il faut donc que l'équation de continuité se transforme en elle-même. Or, d'après les valeurs trouvées, on a

$$\rho_1 = \rho_2 \frac{1 + \lambda \frac{u_2}{V}}{\sqrt{1 - \lambda^2}}, \qquad \rho_1 u_1 = \frac{\rho_2 u_2 + \lambda V}{\sqrt{1 - \lambda^2}},$$

$$\rho_1 v_1 = \rho_2 v_2, \qquad \rho_1 w_1 = \rho_2 w_2.$$

On aura d'abord

$$\frac{d\rho_1}{dt_1} = \frac{1}{\sqrt{1-\lambda^2}}\left[\frac{d\rho_2}{dt_2}\frac{dt_2}{dt_1} + \frac{d\rho_2}{dx_2}\frac{dx_2}{dt_1}\right]$$
$$+ \frac{\lambda}{V\sqrt{1-\lambda^2}}\left[\frac{d\rho_2 u_2}{dt_2}\frac{dt_2}{dt_1} + \frac{d\rho_2 u_2}{dx_2}\frac{dx_2}{dt_1}\right].$$

Les dérivées partielles $\frac{dt_2}{dt_1}$, $\frac{dx_2}{dt_1}$ doivent être tirées des équations (1). On trouve ainsi

$$\frac{d\rho_1}{dt_1} = \frac{1}{\sqrt{1-\lambda^2}}\left[\frac{d\rho_2}{dt_2}\frac{1}{\sqrt{1-\lambda^2}} - \frac{d\rho_2}{dx_2}\frac{\lambda V}{\sqrt{1-\lambda^2}}\right]$$
$$+ \frac{\lambda}{V\sqrt{1-\lambda^2}}\left[\frac{d\rho_2 u_2}{dt_2}\frac{1}{\sqrt{1-\lambda^2}} - \frac{d\rho_2 u_2}{dx_2}\frac{\lambda V}{\sqrt{1-\lambda^2}}\right].$$

En opérant de même pour $\frac{d\rho_1 u_1}{dx_1}$, $\frac{d\rho_1 v_1}{dy_1}$, $\frac{d\rho_1 w_1}{dz_1}$ et additionnant, on obtient

$$0 = \frac{d\rho_1}{dt_1} + \frac{d}{dx_1}(\rho_1 u_1) + \frac{d}{dy_1}(\rho_1 v_1) + \frac{d}{dz_1}(\rho_1 w_1).$$

On verrait de même que les six expressions

$$V^2\frac{d\rho}{dx} + \frac{d\rho u}{dt}, \quad \ldots$$

et

$$\frac{d\rho w}{dy} - \frac{d\rho v}{dz}, \quad \ldots$$

sont invariantes.

On établit, en partant de (7) et (11), les relations

suivantes qui nous seront utiles :

$$(\text{III})\quad \left\{\begin{aligned} & 1-\frac{W_1^2}{V^2}=\left(1-\frac{W_2^2}{V^2}\right)\frac{1-\lambda^2}{\left(1+\lambda\frac{u_2}{V}\right)^2},\\ & \frac{u_1}{\sqrt{1-\frac{W_1^2}{V^2}}}=\frac{u_2+\lambda V}{\sqrt{1-\lambda^2}\sqrt{1-\frac{W_1^2}{V^2}}};\end{aligned}\right.$$

$$(\text{III}')\quad \left\{\begin{aligned} & \frac{v_1}{\sqrt{1-\frac{W_1^2}{V^2}}}=\frac{v_2}{\sqrt{1-\frac{W_2^2}{V^2}}},\\ & \frac{w_1}{\sqrt{1-\frac{W_1^2}{V^2}}}=\frac{w_2}{\sqrt{1-\frac{W_2^2}{V^2}}}.\end{aligned}\right.$$

Ces deux dernières sont invariantes.

$$(\text{IV})\qquad \left(1-\lambda\frac{u_1}{V}\right)\left(1+\lambda\frac{u_2}{V}\right)=1-\lambda^2.$$

22. Accélérations. — Posons

$$(7')\qquad u'=\frac{du}{dt},\qquad v'=\frac{dv}{dt},\qquad w'=\frac{dw}{dt}.$$

Une deuxième différentiation nous donne

$$(\text{V})\quad \left\{\begin{aligned} & u'_1=\frac{(1-\lambda^2)^{\frac{3}{2}}}{\left(1+\lambda\frac{u_2}{V}\right)^3}u'_2,\\ & v'_1=(1-\lambda^2)\left[\frac{v'_2}{\left(1+\lambda\frac{u_2}{V}\right)^2}-\frac{\lambda}{V}\frac{v_2u'_2}{\left(1+\lambda\frac{u_2}{V}\right)^3}\right],\\ & w'_1=(1-\lambda^2)\left[\frac{w'_2}{\left(1+\lambda\frac{u_2}{V}\right)^2}-\frac{\lambda}{V}\frac{w_2u'_2}{\left(1+\lambda\frac{u_2}{V}\right)^3}\right].\end{aligned}\right.$$

Formules réciproques par permutation des indices et changement du signe de λ.

Nous n'insisterons pas sur la construction géométrique des formules (H). Remarquons que u, v, w ne sont plus à proprement parler les *composantes* de la vitesse. Mais si l'on emploie ce terme, il faut entendre par là ses *projections*.

Dans le cas où le mouvement relatif a une vitesse W de direction quelconque par rapport aux axes, on a les relations plus générales

$$(\mathrm{H}')\quad \left\{\begin{aligned} &\frac{dt_2}{dt_1} = (1-A^2)^{-\frac{1}{2}}\left(1-\frac{(\mathrm{WW}_1)}{V^2}\right),\\ &\mathrm{W}_2 = \left[1-\frac{(\mathrm{WW}_1)}{V^2}\right]^{-1}\\ &\quad\times\left\{\mathrm{W}_1\sqrt{1-A^2}-\mathrm{W}\left[1-\left(1-\sqrt{1-A^2}\right)\frac{(\mathrm{WW}_1)}{\mathrm{W}^2}\right]\right\} \end{aligned}\right.$$

et pour les accélérations J

$$(\mathrm{V}')\quad \left\{\begin{aligned} &\frac{d^2t_2}{dt_1^2} = -\frac{(\mathrm{WJ}_1)}{V^2\sqrt{1-A^2}},\\ &\mathrm{J}_2 = \frac{1-A^2}{\left[1-\frac{(\mathrm{WW}_1)}{V^2}\right]^3}\left\{\mathrm{J}_1\left[1-\frac{(\mathrm{WW}_1)}{V^2}\right]\right.\\ &\qquad\left.+(\mathrm{WJ}_1)\left[\frac{\mathrm{W}_1}{V^2}-\frac{1-\sqrt{1-A^2}}{\mathrm{W}^2}\mathrm{W}\right]\right\} \end{aligned}\right.$$

On a encore

$$\rho_2 = \rho_1\frac{1-\frac{(\mathrm{WW}_1)}{V^2}}{\sqrt{1-A^2}},\qquad \frac{\rho_2}{\rho_1} = \frac{dt_2}{dt_1},$$

$$\rho_2\mathrm{W}_2 = \rho_1\left[\mathrm{W}_1-\frac{\mathrm{W}}{\sqrt{1-A^2}}\left\{1-\left(1-\sqrt{1-A^2}\right)\frac{(\mathrm{WW}_1)}{\mathrm{W}^2}\right\}\right].$$

---

(1) $\frac{\mathrm{W}}{\mathrm{W}^2}$ est le vecteur aux composantes $\frac{1}{\mathrm{W}^2}(u, v, w)$.

CHAPITRE III.

STATIQUE.

23. Nous étudierons d'abord le cas de l'équilibre, par suite la Statique.

Nous avons à envisager des réactions *au contact* et des forces à distance; aucun malentendu ne doit résulter de l'emploi de ces termes; ce sont simplement des expressions commodes et qui ne préjugent rien sur la manière dont s'exercent les forces ou les réactions.

Enfin il s'agit dans ce cas, pour l'instant, de forces d'origine quelconque.

Principe fondamental de la Statique. — Nous prendrons pour principe fondamental le *principe des travaux virtuels*, restreint aux états infiniment voisins du repos.

Considérons dans le système S_2 une surface immobile Σ_2 sur laquelle un point M est assujetti à demeurer et où il pourrait se déplacer sans frottement. Supposons que, soumis à une force de composantes X_2, Y_2, Z_2, il soit en équilibre. Alors la force est normale à la surface Σ_2 au point considéré. Nous sommes donc renseignés sur la direction et non sur la grandeur de la force.

Fig. 5. Fig. 6.

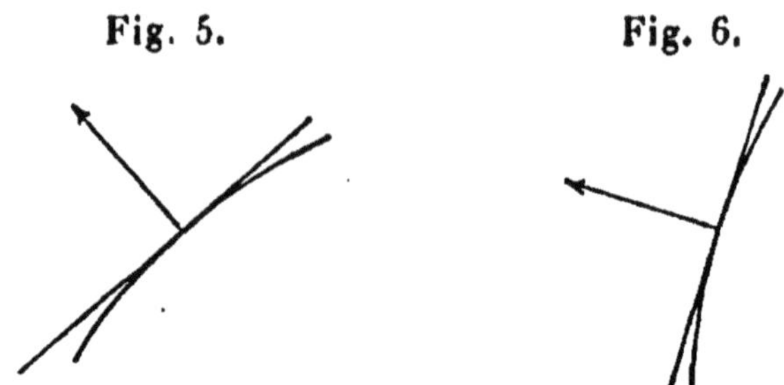

Au regard du système S_1, la figure 5 se transforme en la figure 6, par suite de la contraction longitudinale [1]. La normale n'a plus la même direction que pour S_2. Si l'on désigne par X_1, Y_1, Z_1 les composantes de la force appliquée, évaluée dans S_1, on devra avoir les deux relations

$$\text{(VI)} \qquad \frac{Y_1}{X_1} : \frac{Y_2}{X_2} = \frac{Z_1}{X_1} : \frac{Z_2}{X_2} = \sqrt{1-\lambda^2}$$

entre les trois données X_2, Y_2, Z_2 et X_1, Y_1, Z_1. Elles ne suffisent donc pas pour calculer ces trois dernières en fonction des trois autres.

Deuxième démonstration. — Dans S_2 un axe A (*fig.* 7) est parallèle à OZ et maintenu fixe. Autour de A peut tourner un corps MN; d'autres corps

(1) E.-M. Lémeray, *Congrès de Radiologie et d'Électricité tenu à Bruxelles en* 1910, t. I, p. 246. Ce Mémoire contient le principe de la méthode. — *Radium*, août 1910, p. 232. — *C. R. Acad. Sc.*, 29 mai 1911.

immobiles dans S_2 exercent sur MN des forces se réduisant à deux ; l'une Y_2 parallèle à OY et appliquée en M à distance a_2 de l'axe A ; l'autre X_2 parallèle à OX et appliquée en N à distance b_2. On suppose que le corps, d'abord immobile, ne tourne pas. On doit donc avoir

$$b_2 X_2 - a_2 Y_2 = 0.$$

Au regard de S_1 le système se déplace.

Fig. 7. Fig. 8.

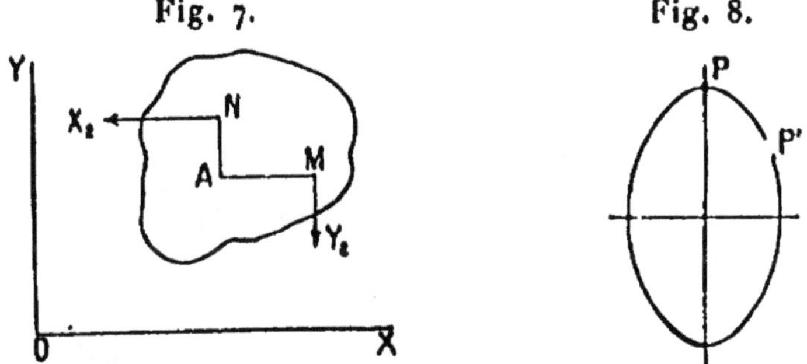

Remarquons alors que, dans une rotation virtuelle, le corps se déformerait en tournant, car tout point décrirait autour de l'axe de rotation non un cercle, mais une ellipse dont le petit axe resterait constamment parallèle à OX. C'est ainsi (*fig.* 8) qu'une roue, circulaire pour S_2, elliptique pour S_1, *tourne* (pour les deux) *sur elle-même* [1]. Pour S_1, un point P de la roue vient en P' quand la roue tourne d'une quantité finie. S_1 voit chaque rayon se raccourcir quand ce rayon passe de la position P à la position perpendiculaire. On n'a donc pas, dans le

[1] A l'entraînement près pour S_1.

système S_1, le droit d'appliquer le théorème des moments, puisque ce dernier n'est valable que pour les corps indéformables. Appliquons le principe des travaux virtuels. Le travail virtuel doit être nul. Soit dans S_2, u_2, v_2 les projections de la vitesse virtuelle, supposées *infiniment petites*, il faut

$$X_2 u_2 - Y_2 v_2 = 0.$$

Dans S_1 il faut avoir

$$X_1 u_1^r - Y_1 v_1^r = 0,$$

u_1^r, v_1^r désignant les vitesses relatives; ces dernières seront obtenues à partir des formules (II) en retranchant la vitesse d'entraînement qui n'a que la composante λV suivant OV; on a donc

$$u_1^r = u_1 - \lambda V = u_2(1-\lambda^2), \qquad v_1^r = v_1 = v_2\sqrt{1-\lambda^2}.$$

Par suite,

$$(1-\lambda^2)X_1 u_2 + Y_1 v_2\sqrt{1-\lambda^2} = 0;$$

on a donc

$$\frac{Y_1}{X_1} : \frac{Y_2}{X_2} = \sqrt{1-\lambda^2}.$$

C'est une des relations (VI). La seconde s'obtiendrait de même.

Supposons au contraire qu'on applique dans S_1 le théorème des moments, on aurait

$$b_2 X_2 - a_2 Y_2 = 0, \qquad b_1 X_1 - a_1 Y_1 = 0,$$

or

$$\sqrt{1-\lambda^2}\, a_2 = a_1, \qquad b_2 = b_1;$$

on aurait donc

$$b_2 X_1 - a_2 \sqrt{1-\lambda^2}\, Y_1 = 0$$

et l'on en tirerait

$$(\text{VI}') \qquad \frac{Y_1}{X_1} : \frac{Y_2}{X_2} = \frac{1}{\sqrt{1-\lambda^2}},$$

c'est-à-dire une relation entièrement opposée à (VI).

24. Application. — Dans S_2, un corps ponctuel M est relié par un fil ou une tige à un point P. La liaison est la même que si M était assujetti à demeurer sur la paroi d'une coupe sphérique de centre P. Dans le voisinage, un corps C ponctuel, extérieur par exemple à la sphère et immobile, attire, je suppose, le corps M ; il y a équilibre quand les trois points M, P, C sont en ligne droite (en négligeant les autres forces).

Or, au regard de S_1, les trois points sont en ligne droite ; mais la force n'est plus dirigée suivant le rayon, c'est-à-dire suivant la direction de la tige ; elle est normale à l'ellipsoïde, transformé de la sphère : si la liaison est réalisée par un fil, la force est dirigée normalement à la transformée de la section droite du fil, tandis que pour S_2 la force est à la fois normale à la section droite et parallèle à la direction du fil (1).

(1) M. Laue se place à un point de vue différent ; il applique le théorème des moments ; le couple tend à orienter le système

Nous examinerons (§ 36 et 37) certains cas d'équilibre élastique et nous verrons que la substitution du principe des travaux virtuels au théorème des moments permet de faire disparaître des contradictions.

---

tournant. Pour rétablir l'accord avec l'expérience conforme au principe de relativité, il a été conduit à imaginer des forces supplémentaires s'exerçant sur les corps soumis à des tensions élastiques et dont l'effet annulerait le couple précédent.

LAUE, *loc. cit.*, p. 99. — *Ann. der Phys.*, t. XXXVIII, 1912, p. 370.

CHAPITRE IV.

DYNAMIQUE.

25. **Principe fondamental.** — *Un corps ponctuel en repos par rapport à l'observateur est soumis à une force. S'il est libre, il prend* AU DÉBUT *du mouvement une accélération proportionnelle à la force.*

Le coefficient de proportionnalité est la *masse d'inertie au repos* du corps.

Notre but est d'établir la relation entre la force et l'accélération, lorsque le corps est en mouvement; mais il faut faire une remarque en ce qui concerne la mesure expérimentale de la force.

26. Considérons un champ de force invariable dû à la présence de corps immobiles; c'est le champ statique (§ 20) de ces corps. Introduisons dans ce champ un nouveau corps et supposons que, par suite de sa présence dans le champ, il soit soumis à une force résultante. Nous pouvons mesurer cette force en maintenant ce corps immobile dans le champ et

en un point donné au moyen d'un appareil convenable : balance, ressort, etc.; la *réaction au contact* changée de signe est, par définition, la mesure de la force exercée sur le corps. *On admet* que lorsque le corps libre et en mouvement passe au point considéré, il est soumis à la même force. Or, il faut observer que cela ne constitue pas une convention, mais repose sur une hypothèse implicite; cette hypothèse pourrait être en conflit avec l'expérience. Au moins dans un cas très particulier, on pourrait définir la force expérimentalement d'une autre manière.

Supposons qu'à un instant de sa course, le corps ait une vitesse normale au champ ou, pour plus de simplicité, supposons le champ uniforme et le corps en mouvement sur un plateau normal au champ et ne pouvant se déplacer que parallèlement au champ; dans nos idées, le corps transmet au plateau la force à laquelle il est soumis. *Il n'est pas prouvé qu'il en soit ainsi.* L'expérience ne donnerait pas une différence appréciable parce que nous ne pouvons donner au corps une vitesse suffisante. Dans tout autre cas, il est impossible à l'observateur de faire une mesure *statique* comme la précédente. On *peut* alors par convention définir la force comme il a été dit, à condition que l'expérience donne, dans le cas où elle est possible, le même résultat, soit que le corps soit au repos, soit qu'il soit en mouvement; nous admettrons, dans ce Cours, cette convention qu'on fait *implicitement* dans la théorie de la relativité aussi bien que dans la Dynamique classique.

27. Puisque les accélérations et les forces sont atteintes par la transformation de Lorentz, il faut prévoir un changement de la *masse* avec la vitesse en appelant *masse* le rapport de la force à l'accélération dans un état de vitesse quelconque. Considérons un corps immobile dans S_2; une force $X_2 Y_2 Z_2$ lui est appliquée; s'il est libre, il prendra une accélération et nous aurons

$$(8) \qquad X_2 = m_2 u'_2, \qquad Y_2 = m_2 v'_2, \qquad Z_2 = m_2 w'_2,$$

m_2 étant la masse au repos dans S_2. Dans S_1 nous aurons

$$(9) \qquad X_1 = m_1 u'_1, \qquad Y_1 = m_1 v'_1, \qquad Z_1 = m_1 w'_1.$$

Le corps étant au début en repos dans S_2, on a

$$u_2 = v_2 = w_2 = 0.$$

Les valeurs (V) des accélérations se simplifient et, tenant compte de (5), on a

$$\sqrt{1-\lambda^2} = \frac{1}{\sqrt{1-\lambda^2}},$$

ce qui n'est vrai que pour $\lambda = 0$. De plus, les masses ont été éliminées. Comme λ est différent de zéro, il y a, dans notre raisonnement, une hypothèse implicite qui est fausse. L'erreur ne peut porter sur les forces et les accélérations. Elle ne peut porter sur m_2, puisque le corps est immobile au début dans S_2;

elle ne peut donc porter que sur m_1. La première équation est relative à l'axe parallèle à l'entraînement; les deux autres à des directions normales; l'hypothèse fausse a été faite quand on a écrit m_1 dans les trois équations. Nous écrirons m_L dans la première et m_T dans les deux autres et nous appellerons *masse longitudinale* et *masse transversale* ces deux coefficients; cela nous donne

$$(10)\qquad X_1 = m_L u'_1, \qquad Y_1 = m_T v'_1, \qquad Z_1 = m_T w'_1.$$

Alors si nous éliminons, comme plus haut, les forces et les accélérations au moyen de (V), (VI) et (10), les masses ne s'éliminent plus et nous obtenons

$$(11)\qquad \frac{m_L}{m_T} = \frac{1}{1-\lambda^2}.$$

Cette seule équation ne nous donne que le rapport des deux masses lors du mouvement. Une d'elles au moins a changé et est différente de la masse au repos.

28. Il ressort de là la conséquence suivante : l'expérience avait montré que, pour les faibles vitesses telles que celles que nous pouvons observer, le rapport de la force à l'accélération ne variait pas. La matière étant considérée comme indestructible, la masse pouvait être prise comme mesure de la quantité de matière. Puisque la masse varie et varie de façon *différente* d'après (11) suivant la direction relative de l'accélération et de la vitesse, *la masse ne peut servir de mesure à la matière.*

29. Nouvelles équations du mouvement du point libre. — Ce que nous venons de voir dans le cas restreint du mouvement uniforme, nous avons le droit de l'appliquer, *par approximation*, au cas d'un mouvement faiblement accéléré, d'un mouvement quasi stationnaire. Si donc W est, à un instant, la vitesse du mobile, nous admettrons que, entre ses deux masses principales d'inertie, on a la relation

$$\frac{m_L}{m_T} = \frac{1}{1 - \frac{W^2}{V^2}}. \tag{11'}$$

Pour avoir les équations du mouvement suivant trois axes rectangulaires, nous projetterons sur ces axes les forces d'inertie. Si ρ désigne le rayon de courbure, les forces d'inertie sont

$$m_L \frac{dW}{dt} \quad \text{et} \quad m_T \frac{W^2}{\rho},$$

puisque la première est parallèle à la vitesse, et la seconde, normale. Soient a, b, c les cosinus directeurs de la tangente; L, M, N ceux de la normale principale. La géométrie fournit les relations

$$a = \frac{u}{W}, \qquad \frac{L}{\rho} = \frac{Wu' - uW'}{W^3},$$

$$b = \frac{v}{W}, \qquad \frac{M}{\rho} = \frac{Wv' - vW'}{W^3},$$

$$c = \frac{w}{W}, \qquad \frac{N}{\rho} = \frac{Ww' - wW'}{W^3},$$

La première équation du mouvement est

$$X = a m_L \frac{dW}{dt} + L m_T \frac{W^2}{\rho}.$$

En y remplaçant a et $\frac{L}{\rho}$ par leurs valeurs, tenant compte de (11′), puis opérant de même sur les équations relatives aux autres axes, nous obtenons les trois équations

$$(12)\quad X, Y, Z = m_T\left[u', v', w' + \frac{WW'}{V^2 - W^2}(u, v, w)\right],$$

qui contiennent encore un coefficient inconnu m_T.

30. Quantité de mouvement : Masse maupertuisienne. — Nous allons appliquer aux équations (12) les traitements analogues à ceux de la Dynamique classique ; d'après celle-ci, la force d'inertie est la dérivée, par rapport au temps, de la quantité de mouvement aux trois composantes

$$G_{x,y,z} = m(u, v, w),$$

où m est la masse classique, la masse au repos. D'après Poincaré [1], nous étendrons ces définitions en introduisant, au lieu de m, un nouveau coefficient caractéristique du corps m_M, sa masse maupertuisienne, qui variera nécessairement avec la vitesse, et nous chercherons si l'on ne peut le déterminer de

(1) Chwolson, *Traité de Physique* (Note de E. et F. Cosserat), t. I, p. 236.

manière à identifier les relations (12) avec les suivantes :

$$(13)\qquad X, Y, Z = \frac{d}{dt} m_M(u, v, w).$$

De (13) nous tirons par exemple pour la première

$$\frac{dG_x}{dt} = m_M u' + u \frac{dm_M}{dW} W'.$$

Pour qu'il y ait identité, il faut avoir

$$(14)\qquad m_T = m_M, \qquad m_T \frac{W}{V^2 - W^2} = \frac{dm_M}{dW}.$$

Ces deux équations déterminent entièrement m_M et m_T si l'on s'impose la condition que, pour W très petit, elles se confondent avec la masse au repos m. On obtient ainsi :

$$(\text{VII})\qquad m_M = m_T = \frac{m}{\sqrt{1 - \frac{W^2}{V^2}}}.$$

L'égalité de la masse maupertuisienne et de la masse transversale n'est pas une conséquence du principe de relativité. On le verrait en recommençant les calculs sans chercher à satisfaire à ce principe. Mais cette généralisation est inutile ici.

Ces deux masses sont donc égales à la masse au repos divisée par le facteur de Lorentz

$$\sqrt{1 - \frac{W^2}{V^2}}.$$

Masse longitudinale. — De (11′) et (VII) on tire

$$(\text{VIII}) \qquad m_{\text{L}} = \frac{m}{\left(1 - \frac{W^2}{V^2}\right)^{\frac{3}{2}}}.$$

La masse longitudinale est égale à la masse au repos, divisée par le cube du facteur de Lorentz.

31. Équations de la dynamique du point libre. — Remplaçant m_{M} par sa valeur dans les relations (13), nous avons les équations définitives :

$$(\text{IX}) \qquad \left\{ \begin{aligned} X &= m \frac{d}{dt} \frac{u}{\sqrt{1 - \frac{W^2}{V^2}}}, \\ Y &= m \frac{d}{dt} \frac{v}{\sqrt{1 - \frac{W^2}{V^2}}}, \\ Z &= m \frac{d}{dt} \frac{w}{\sqrt{1 - \frac{W^2}{V^2}}}, \end{aligned} \right.$$

applicables aux mouvements quasi stationnaires. Plusieurs auteurs les ont dénommées : *équations de la dynamique de la relativité*. Tandis que les équations de la Dynamique classique constituent une première approximation, valable pour les faibles vitesses, celles-ci constituent une seconde approximation.

32. Travail. Énergie cinétique. — Développons la première des équations (IX) en remarquant que

$$(15)\qquad \frac{d}{dt}\frac{1}{\sqrt{1-\frac{W^2}{V^2}}}=\frac{WW'}{V^2\left(1-\frac{W^2}{V^2}\right)^{\frac{3}{2}}};$$

elle devient

$$(\text{IX}')\qquad X=m\left[\frac{u'}{\sqrt{1-\frac{W^2}{V^2}}}+\frac{uWW'}{\left(1-\frac{W^2}{V^2}\right)^{\frac{3}{2}}}\right].$$

Faisons de même pour les deux autres ; multiplions les deux membres par u, v, w respectivement et ajoutons. Tenant compte de ce que l'on a

$$u^2+v^2+w^2=W^2 \qquad uu'+vv'+ww'=WW',$$

on a la puissance développée par les forces appliquées :

$$(16)\quad \Sigma Xu=\frac{mWW'}{\left(1-\frac{W^2}{V^2}\right)^{\frac{3}{2}}}=m_L WW'=\frac{1}{2}m_L\frac{d(W^2)}{dt}.$$

Le dernier membre est, par définition, la dérivée de l'énergie cinétique ; celle-ci doit se réduire pour les faibles vitesses à $\frac{1}{2}mW^2$. Nous introduirons un nouveau coefficient caractéristique du corps, sa *masse cinétique* m_C ; l'énergie sera $\frac{1}{2}m_C W^2$ et nous déterminerons m_C comme il suit :

$$\frac{1}{2} m_L \frac{dW^2}{dt} = m_L WW' = \frac{d}{dt}\left(m_C \frac{W^2}{2}\right)$$
$$= \left(m_C W' + \frac{W^2}{2} \frac{dm_C}{dW}\right) W'.$$

On a donc

$$(17) \qquad m_L = m_C + \frac{1}{2} \frac{dm_C}{dW}.$$

En intégrant et choisissant convenablement la constante,

$$(X) \qquad m_C = \frac{2mV^2}{W^2}\left[\frac{1}{\sqrt{1-\frac{W^2}{V^2}}} - 1\right].$$

L'énergie cinétique du point est alors

$$(XI) \qquad mV^2\left[\frac{1}{\sqrt{1-\frac{W^2}{V^2}}} - 1\right].$$

33. Théorème d'Hamilton. Masse hamiltonienne. — Dans la Dynamique classique, on part du théorème de d'Alembert

$$\sum\left(X - m\frac{d^2x}{dt^2}\right)\delta x = 0.$$

Ici nous remplacerons $m\frac{d^2x}{dt^2}$ par $\frac{d}{dt}(m_T u)$. On a donc

$$\sum\left(X - \frac{d}{dt}(m_T u)\right)\delta x = 0.$$

Multiplions par dt et intégrons; un terme tel que $\int \delta x \frac{dm_{\text{T}} u}{dt} dt$, intégré par parties, nous donne

$$\delta x \, m_{\text{T}} u - \int m_{\text{T}} u \frac{d\,\delta x}{dt} dt.$$

On peut permuter $\int$ et δ. Le premier terme intégré entre les limites donne zéro, puisque δx est nul aux limites. On a donc

$$\int \Sigma(\mathrm{X}\,\delta x - m_{\text{T}} u\,\delta u)\,dt = 0.$$

Après développement, additionnons les seconds termes des parenthèses

$$m_{\text{T}} \Sigma u\,\delta u = m_{\text{T}}\,\delta \frac{\mathrm{W}^2}{2} = m_{\text{T}} \mathrm{W}\,\delta \mathrm{W};$$

nous avons ainsi la variation d'une fonction de la vitesse; et nous n'avons qu'à intégrer la fonction $m_{\text{T}}\mathrm{W}$ par rapport à W. Aux faibles vitesses $m_{\text{T}}\mathrm{W}$ doit se réduire à $m\mathrm{W}$, ce qui détermine la constante d'intégration et l'on a l'action hamiltonienne par unité de temps

$$\text{(XII)} \qquad m\,\mathrm{V}^2\left[1 - \sqrt{1 - \frac{\mathrm{W}^2}{\mathrm{V}^2}}\right].$$

Le facteur

$$\text{(XIII)} \qquad m_{\text{H}} = \frac{2m\mathrm{V}^2}{\mathrm{W}^2}\left(1 - \sqrt{1 - \frac{\mathrm{W}^2}{\mathrm{V}^2}}\right),$$

par lequel il faut multiplier $\frac{\mathrm{W}^2}{2}$ pour obtenir (XII), est la *masse hamiltonienne*.

Équations de Lagrange. — Une méthode semblable montre que, dans les équations de Lagrange, il faut remplacer la demi-force vive par la fonction (XII).

34. En résumé, nous avons obtenu, sans faire aucun appel aux lois expérimentales de l'Électrodynamique, et sans aucune hypothèse sur la manière dont la force élémentaire varie avec la distance, les équations de la dynamique de la relativité. Elles sont identiques à celles qui figurent dans l'Ouvrage de M. Laue. Or, nous sommes arrivés au paragraphe 23 à un résultat différent du sien et pourtant, en nous appuyant sur notre résultat, nous parvenons aux mêmes équations. Cela vient de ce que M. Laue ne suit pas la même méthode, il fait appel aux lois de l'Électrodynamique. Il est clair, d'autre part, que si l'on n'établit pas la relation (VI), basée sur le principe du paragraphe 23, on ne peut parvenir, sans appel à l'expérience, aux équations (IX).

35. **Transformation des forces intérieures.** — Revenons aux deux systèmes d'axes S_1 et S_2 déjà considérés. Dans S_2 se trouve un champ statique et, sur un corps ponctuel, immobile dans S_2, s'exerce une force X_2, Y_2, Z_2. Du point de vue du système S_1, la force a pour projections X_1, Y_1, Z_1 ; nous avons :

$$u_2 = v_2 = w_2 = 0, \qquad u_1 = \lambda V, \qquad v_1 = 0, \qquad w_1 = 0.$$

En tenant compte des relations (8), (10), (VII) et (VIII), nous obtenons les suivantes :

$$\text{(XIV)} \quad X_1 = X_2, \qquad Y_1 = Y_2\sqrt{1-\lambda^2}, \qquad Z_1 = Z_2\sqrt{1-\lambda^2}.$$

Ainsi, *dans un système en mouvement uniforme, les forces intérieures parallèles à l'entraînement sont les mêmes qu'au repos. Les forces normales sont réduites proportionnellement au facteur de Lorentz*. Cela n'est démontré, en toute rigueur, que si le corps ponctuel est immobile dans S_2.

On tire de ce qui précède le corollaire suivant : Les forces changent, les dimensions changent aussi, mais les pressions, du moins *les pressions normales aux surfaces des corps, ne changent pas*. En effet, X s'exerce sur un élément superficiel normal à OX et dont les dimensions, étant transversales, sont invariantes; Y et Z, qui subissent une réduction, s'exercent sur des éléments superficiels parallèles à OX et dont la surface subit la même réduction. Le rapport de la force à la surface, c'est-à-dire la pression ou la tension, ne varie pas.

36. Élasticités longitudinale et transversale (1). — Nous allons maintenant rencontrer une difficulté qui se présente dans le cas des phénomènes élastiques, et établir qu'elle est due à l'emploi du théorème des

(1) E.-M. LÉMERAY, *Soc. de Phys.*, Procès-Verbaux, 21 juin 1912.

moments, qu'elle disparaît par application du principe des travaux virtuels.

Mesurons le temps, par le nombre d'oscillations d'une tige élastique (de masse négligeable) dont une extrémité est encastrée et dont l'autre porte un corps de masse m; négligeons la pesanteur, écartons le corps dans la direction de la tige, puis abandonnons-le aux réactions élastiques; il y aura des oscillations, la tige s'allonge et se raccourcit alternativement. Soient l sa longueur, s la section, E le module, x l'allongement; la réaction élastique est

$$P = ES\frac{x}{l};$$

l'équation de mouvement est $mx'' = -\frac{ES}{l}x$ et est satisfaite par un mouvement de période

$$T = 2\pi\sqrt{\frac{lm}{ES}}.$$

Supposons maintenant le système entraîné avec la vitesse uniforme λV, normalement à la direction de la tige. La période doit maintenant avoir la valeur

$$\frac{T}{\sqrt{1-\lambda^2}},$$

la longueur de la tige reste l; la masse est transversale et égale à $m(1-\lambda^2)^{-\frac{1}{2}}$; la section devient $S\sqrt{1-\lambda^2}$. On a donc

$$\frac{T}{\sqrt{1-\lambda^2}} = 2\pi\sqrt{\frac{lm}{\sqrt{1-\lambda^2}E_T S\sqrt{1-\lambda^2}}},$$

où E_T est le module d'élasticité transversal. La comparaison des deux relations obtenues donne

$$E_T = E, \tag{18}$$

le module ne change pas. C'est bien ce qu'il fallait vérifier puisque le module est une tension normale (§ 35).

Supposons maintenant l'entraînement parallèle à la tige; une méthode analogue conduit au résultat

$$E_L = E; \tag{19}$$

jusqu'ici il y a bon accord.

Considérons maintenant le cas où l'on mesure le temps par le nombre d'oscillations normales à la tige (diapason). Il y a flexion plane quand le système est en repos par rapport à l'observateur; on a pour le cas de l'équilibre par flexion

$$f = \frac{Pl^3}{3EI};$$

f, flèche; P, force appliquée à l'extrémité libre et normalement; I, moment d'inertie de la section. Ce dernier est du premier degré relativement à la dimension de la section, normale au déplacement et du troisième relativement à la dimension parallèle. L'équation du mouvement

$$mf'' + \frac{3EI}{l^3} f = 0$$

est satisfaite par un mouvement de période

$$T = 2\pi \sqrt{\frac{ml^3}{3EI}}.$$

Examinons maintenant le cas où le système est entraîné avec une vitesse λV normale à la tige et parallèle à la direction des vibrations; on a pour période

$$T_1 = 2\pi \sqrt{\frac{m_1 l_1^3}{3E_1 I_1}}$$

avec les relations

$$T_1 = T(1-\lambda^2)^{-\frac{1}{2}}, \qquad m_1 = m(1-\lambda^2)^{-\frac{3}{2}},$$

$$l_1 = l, \qquad I_1 = I(1-\lambda^2)^{\frac{3}{2}}.$$

En éliminant T_1, m_1, l_1, I_1, il reste

$$E_1 = E(1-\lambda^2)^{-2},$$

ce qui est en contradiction avec le résultat obtenu dans le cas de l'allongement.

Dans le cas où le système est entraîné de telle sorte que la direction de la tige et celles des vibrations occupent les deux autres directions principales, on rencontre aussi des contradictions.

Reprenons la théorie en appliquant le principe des travaux virtuels. Nous nous bornons à la théorie élémentaire de la flexion plane, suffisante pour notre but.

37. Considérons un système élastique constitué par deux semelles rectangulaires de faible épaisseur placées en regard l'une de l'autre et maintenues à une distance h; la longueur l est dirigée suivant OX; la largeur a des semelles est parallèle à OZ et l'épaisseur b est parallèle à OY. Soit ρ le rayon de courbure du système déformé, à la distance x de l'encastrement. L'allongement (ou le raccourcissement) relatif est $\frac{h}{\rho}$. La force élastique de la semelle allongée est

$$\frac{\mathrm{E}abh}{\rho}.$$

Pour l'autre semelle, la force de compression a cette même valeur. Pour que ces deux forces équilibrent une force Y appliquée à l'extrémité de la poutre et parallèle à OY, il faut avoir

$$2\mathrm{E}abh^2 = (l - x)\rho\mathrm{Y}.$$

Remplaçons ρ par sa valeur approximative $\frac{1}{\frac{d^2y}{dx^2}}$, nous aurons une équation qui, par intégration, nous donne

$$y = \frac{\mathrm{Y}}{4\mathrm{E}abh^2}\left[lx^2 - \frac{x^3}{3}\right].$$

Supposons maintenant le système animé d'une vitesse $\lambda\mathrm{V}$ parallèle à OX. Désignons les variables par les mêmes lettres affectées de l'indice 1. L'allongement relatif à la même valeur $\frac{h}{\rho}$. Donc, si nous voulons l'exprimer en fonction des nouvelles données, nous devons tenir compte des relations suivantes :

$$\rho_1 = \rho(1-\lambda^2), \qquad h_1 = h;$$

l'allongement relatif est ainsi

$$\frac{h_1}{\rho_1}(1-\lambda^2),$$

et la force élastique développée a pour valeur

$$\frac{2E_1 a_1 b_1 h_1}{\rho_1}(1-\lambda^2).$$

Appliquons le principe des travaux virtuels. Dans un déplacement, les points du système décriraient des *ellipses* pour lesquelles le rapport du petit axe au grand axe est $\sqrt{1-\lambda^2}$. Pour que la somme des travaux virtuels soit nulle, il faut avoir, en remplaçant $\frac{1}{\rho_1}$ par $\frac{d^2y_1}{dx_1^2}$,

$$2(1-\lambda^2)^2 E_1 a_1 b_1 h_1^2 \frac{d^2y_1}{dx_1^2} + x_1 Y_1 - l_1 Y_1 = 0,$$

d'où

$$y = \frac{Y_1\left(l_1 x_1^2 - \frac{1}{3}x_1^3\right)}{4(1-\lambda^2)^2 E_1 a_1 b_1 h_1^2}.$$

Puisque le mouvement d'entraînement est parallèle à OX, on a

$$a_1 = a, \quad b_1 = b, \quad h_1 = h, \quad x_1 = x_0\sqrt{1-\lambda^2},$$
$$l_1 = l\sqrt{1-\lambda^2}, \quad Y_1 = Y\sqrt{1-\lambda^2}, \quad y_1 = y.$$

Cela donne

$$E_1 = E,$$

et l'accord est rétabli, (18) et (19).

En opérant de même dans les deux autres cas principaux, on obtient le même accord.

Pour une tige constituée différemment, on remplacera $2h^2ab$ par le moment d'inertie I, et le calcul des trois cas principaux conduit à la conclusion suivante :

Si une tige élastique, soumise à la flexion plane, est entraînée avec une vitesse uniforme λV, l'observateur participant à l'entraînement pourra appliquer la formule ordinaire

$$P(l-x) = \frac{EI}{\rho}.$$

Pour un observateur par rapport auquel le système est en mouvement, la formule ne pourra être appliquée qu'en multipliant le premier membre par

$$\frac{1}{(1-\lambda^2)^2}, \quad (1-\lambda^2)^2, \quad 1,$$

suivant que l'entraînement est parallèle à la tige, normal à la tige et parallèle à la force appliquée, ou normal à la tige et à la force appliquée.

38. Expérience de Trouton et Noble. — Réduite à l'essentiel, l'expérience de Trouton et Noble consiste à déplacer une tige solide aux extrémités de laquelle se trouvent deux corps qui s'attirent. Au repos le système n'a aucune tendance à tourner autour de son centre (*fig.* 9). Si l'entraînement est

Fig. 9. Fig. 10.

oblique à la tige, les forces qui s'exercent sur les deux extrémités sont dirigées comme l'indique la figure 10 pour deux raisons : d'une part, la tige se rapproche de la normale à l'entraînement; en second lieu, les forces s'en éloignent. Le système reste néanmoins en équilibre dans une orientation quelconque par application du principe des travaux virtuels, car la force est constamment normale au déplacement virtuel de son point d'application. La figure a été tracée en prenant $\lambda = \frac{4}{5}$ (1).

(1) Pour la méthode appliquée à ce cas par M. Laue, *voir* les références indiquées au renvoi du paragraphe 24.

CHAPITRE V.

TRANSFORMATION DES FORCES. FORCES QUI S'EXERCENT ENTRE CORPS EN MOUVEMENT.

39. Transformation des forces. — En nous appuyant sur les résultats précédents, et notamment sur les équations (IX) de la dynamique du point libre, nous allons chercher à obtenir les expressions des forces qui s'exercent entre corps en mouvement. Une théorie complète, basée sur une transformation plus générale que celle de Lorentz, devrait permettre d'y parvenir. Mais nous ne disposons que du cas des mouvements relatifs uniformes des deux systèmes de référence. Nous opérerons ainsi : les relations obtenues tout d'abord porteront la trace de leur origine; elles contiendront la vitesse relative; il faudra donc éliminer celle-ci quand elle aura cette stricte signification.

Revenons aux deux systèmes d'axes S_1, S_2 et supposons qu'un corps ponctuel P soit en mouvement en présence des différents observateurs, sous l'action d'une force quelconque; les lettres conservant les significations antérieures, on aura pour la première composante et d'après les relations (IX)

$$X_1 = m \frac{d}{dt_1} \frac{u_1}{\sqrt{1 - \frac{W_1^2}{V^2}}}, \qquad X_2 = m \frac{d}{dt_2} \frac{u_2}{\sqrt{1 - \frac{W_2^2}{V^2}}};$$

en tenant compte de (II), (III) et (15), on obtient

$$X_2 = \frac{1}{1 - \lambda \frac{u_1}{V}} \left\{ X_1 - \frac{\lambda}{V} (u_1 X_1 + v_1 Y_1 + w_1 Z_1) \right\}.$$

Pour les deux autres composantes, faisons de même, en tenant compte de (III'); il vient

$$Y_2 = \frac{\sqrt{1 - \lambda^2}}{1 - \lambda \frac{u_1}{V}} Y_1, \qquad Z_2 = \frac{\sqrt{1 - \lambda^2}}{1 - \lambda \frac{u_1}{V}} Z_1.$$

On en tire

$$(\mathrm{XV}) \quad \left\{ \begin{aligned} X_1 &= X_2 + \frac{\lambda}{V \sqrt{1 - \lambda^2}} (v_1 Y_2 + w_1 Z_2), \\ Y_1 &= \frac{1 - \lambda \frac{u_1}{V}}{\sqrt{1 - \lambda^2}} Y_2, \qquad Z_1 = \frac{1 - \lambda \frac{u_1}{V}}{\sqrt{1 - \lambda^2}} Z_2, \end{aligned} \right.$$

dont la signification physique est celle-ci : Si l'on connaît les forces X_2, Y_2, Z_2 évaluées dans le système S_2 au temps t_2, on en déduira, par les relations précédentes, les forces évaluées au temps t_1 dans le système S_1, en fonction de la vitesse u_1, v_1, w_1 du mobile.

Nous allons en faire une application. La force qui s'exerce sur le mobile est due à la présence de corps C fixes ou en mouvement. Supposons qu'un corps ponctuel C soit lié au système S_2; il a donc dans S_1 le mouvement λV, parallèlement à l'axe des x; nous pouvons le supposer placé à l'origine du système S_2; nous considérerons deux cas. Dans l'un, P est immobile dans S_1; la force exercée alors sur P est, d'après la définition du paragraphe 20, le champ cinétique de C; dans l'autre, P sera immobile par rapport à S_2.

40. Champ cinétique. Force supplémentaire. — Nous faisons $u_1 = 0$, $v_1 = 0$, $w_1 = 0$; les relations (XV) se simplifient et, en désignant par X_C, Y_C, Z_C les composantes du champ cinétique, c'est-à-dire les valeurs particulières que prennent X_1, Y_1, Z_1, nous aurons :

$$\text{(XVI)} \qquad X_C = X_2, \qquad Y_C = \frac{Y_2}{\sqrt{1-\lambda^2}}, \qquad Z_C = \frac{Z_2}{\sqrt{1-\lambda^2}}.$$

Or, d'après la convention que nous avons adoptée (§ 26), la force à laquelle P est soumis dans le champ *statique* est indépendante de la vitesse de P. Dans les formules (XVI), X_2, Y_2, Z_2 sont donc les composantes du champ statique dans S_2. Nous pouvons voir facilement quelles sont les positions correspondantes.

Le mobile est en C; pour avoir la force à laquelle P est soumis à cet instant, nous marquons C′ tel que $CQ = \sqrt{1-\lambda^2}\,C'Q$; soit PA′ la force qu'exercerait le mobile s'il était immobile en C′, alors la force exercée sur P est PA. Dans la figure 11, on a supposé $\lambda = \frac{1}{5}$.

Nous verrons que, dans un cas particulier, le

Fig. 11.

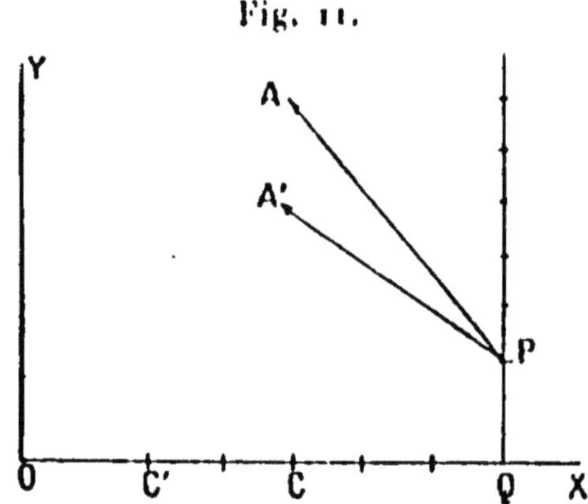

champ cinétique est le champ électrique total d'une charge en mouvement.

Entre les relations (XV) et (XVI) éliminons X_2, Y_2, Z_2. Il vient :

$$
\text{(XVII)}\quad \left\{
\begin{aligned}
X_1 &= X_C + \frac{\lambda}{V}(v_1 Y_C + w_1 Z_C),\\
Y_1 &= Y_C - \frac{\lambda}{V} u_1 Y_C,\\
Z_1 &= Z_C - \frac{\lambda}{V} u_1 Z_1.
\end{aligned}
\right.
$$

Nous pouvons supprimer l'indice 1; les relations (XVII) expriment la force à laquelle est soumis un corps P, animé d'une vitesse u_1, v_1, w_1 dans le champ cinétique de C. Ainsi le corps P est soumis en premier lieu au champ cinétique et, de plus, à une *force supplémentaire* qui dépend à la fois du champ cinétique de C et de la vitesse de P.

Considérons le second cas, celui où P et C ont le même mouvement : $u_1 = \lambda V$, $v_1 = w_1 = 0$. Nous avons donc affaire à des forces intérieures au système PC; nous devons retomber sur les relations (XIV); c'est bien ce que donnent les relations générales (XV).

41. Au lieu de prendre la vitesse de C parallèle à OX, prenons des axes rectangulaires quelconques. Soit $W_C = \Lambda V$ la vitesse de C aux projections u_C, v_C, w_C. Soient $\mathcal{E}$ son champ statique aux composantes X, Y, Z; $\mathcal{E}_C$ son champ cinétique aux composantes X_C, Y_C, Z_C. D'après (XVI), la composante parallèle à l'entraînement ne varie pas, tandis que les deux autres composantes du champ cinétique sont égales à celles du champ statique divisées par le facteur de Lorentz $\sqrt{1-\Lambda^2}$. On doit donc avoir :

$$\Sigma u_C X_C = \Sigma u_C X,$$
$$\sqrt{1-\Lambda^2}(v_C Z_C - w_C Y_C) = v_C Z - w_C Y,$$

et deux autres équations analogues à cette dernière; ces quatre équations se réduisent à trois distinctes. On peut les écrire plus brièvement

$$(W_C \mathcal{E}_C) = (W_C \mathcal{E}), \qquad \sqrt{1-\Lambda^2}[W_C \mathcal{E}_C] = [W_C \mathcal{E}],$$

par application des notations vectorielles (§ 9). En résolvant, on a la relation

$$\Lambda^2 V^2 X_C = u_C (W_C \mathcal{E}) \left(1 - \frac{1}{\sqrt{1-\Lambda^2}}\right) + \frac{1}{\sqrt{1-\Lambda^2}} W_C^2 X$$

et deux autres analogues.

Réciproquement, on a la relation

$$(\text{XVI}') \qquad \Lambda^2 V^2 X_2 = u_C (W_C \mathcal{E}_C)(1 - \sqrt{1-\Lambda^2}) + \sqrt{1-\Lambda^2}\, W_C^2 X_C$$

et deux autres analogues.

42. Champ laplacien. — Quant à la force supplémentaire à laquelle P, animé de la vitesse W_P aux projections u_P, v_P, w_P, est soumis dans le champ cinétique de C, nous la représenterons par F_s aux composantes X_S, Y_S, Z_S. On a, d'après les expressions de la force supplémentaire résultant de (XVII),

$$V^2 X_S = u_C v_P Y_C - v_C v_P X_C - w_C w_P X_C + u_C w_P Z_C$$

et deux autres relations analogues. Ordonnons par rapport aux projections de la vitesse de P :

$$(\text{XVIII}) \quad \left\{ \begin{aligned} V^2 X_S &= v_P (u_C Y_C - v_C X_C) - w_P (w_C X_C - u_C Z_C), \\ V^2 X_S &= w_P (v_C Z_C - w_C Y_C) - u_P (u_C Y_C - v_C X_C), \\ V^2 Z_S &= u_P (w_C X_C - u_C Z_C) - v_P (v_C Z_C - w_C Y_C). \end{aligned} \right.$$

Nous sommes ainsi amenés à considérer le vecteur dont les composantes figurent dans les parenthèses : nous l'appellerons le *champ laplacien général* de C en mouvement uniforme. Nous le représenterons par $\mathcal{H}$ et ses composantes par

$$(\text{XIX})\qquad \left\{\begin{aligned} \alpha_C &= \frac{1}{V^2}(v_C Z_C - w_C Y_C),\\ \beta_C &= \frac{1}{V^2}(w_C X_C - u_C Z_C),\\ \gamma_C &= \frac{1}{V^2}(u_C Y_C - v_C X_C),\end{aligned}\right.$$

ou bien

$$\mathcal{H}_C = \frac{1}{V^2}[W_C \mathcal{E}_C].$$

On aura pour la force supplémentaire, en écrivant $\mathcal{H}$ au lieu de $\mathcal{H}_C$,

$$(\text{XX})\qquad \left\{\begin{aligned} X_S &= v_P\gamma - w_P\beta,\\ Y_S &= w_P\alpha - u_P\gamma,\\ Z_S &= u_P\beta - v_P\alpha,\end{aligned}\right.$$

ou bien

$$F_S = [W_P \mathcal{H}].$$

Les relations (XIX) montrent immédiatement que le champ laplacien général est perpendiculaire à la vitesse de C et à son champ cinétique, proportionnel à leur produit et au sinus de leur angle.

Les relations (XX) montrent que la force supplémentaire exercée sur P est dans les mêmes relations avec la vitesse de P et le champ laplacien de C.

Comme interprétation physique, nous verrons que, dans un cas particulier, le champ laplacien général devient le champ magnétique et que la force supplémentaire devient la force électrodynamique.

43. En résumé, étant donné le champ d'un corps invariable en repos, nous en avons tiré le champ cinétique, le champ laplacien général, la force supplémentaire à laquelle est soumis un corps en mouvement dans ces champs, en nous appuyant sur les équations de la dynamique de relativité établies plus haut (§ 25). Ces champs ne sont donnés ici que dans le cas du mouvement uniforme.

Les termes de « champ laplacien général » signifient qu'il n'a été fait aucune hypothèse *sur la direction* de la force qui s'exerce entre corps en repos.

44. Je vais appliquer le point de départ fondamental de la théorie des champs de vecteurs.

Dans l'espace se meut un corps, avec une vitesse uniforme u, v, w. Son champ cinétique et son champ laplacien général se déplacent avec lui. La caractéristique d représentera la différentiation en un point fixe par rapport aux axes (coordonnées d'Euler); ∂ représentera la différentiation prise « en suivant le corps dans son mouvement [1] ». Ces termes veulent dire non que l'observateur se déplace avec le corps, mais que les observateurs liés aux axes et présents dans tout le champ rapportent son champ à des axes instantanés placés toujours dans les mêmes conditions relativement au mobile.

---

[1] d et ∂ représentent ici, l'un et l'autre, des différentielles partielles.

Considérons la première composante X_C de $\mathcal{E}_C$, on aura

$$\frac{\partial X_c}{\partial t} = 0;$$

on sait que

$$\frac{\partial}{\partial t} = \frac{d}{dt} + u\frac{d}{dx} + v\frac{d}{dy} + w\frac{d}{dz}.$$

Le second membre est donc nul dans le cas du mouvement uniforme. On aura

$$(20) \qquad \frac{d}{dt} + u\frac{d}{dx} + v\frac{d}{dy} + w\frac{d}{dz} = 0.$$

Calculons le curl et le dalembertien du champ laplacien $\mathcal{H}$; on a pour la première composante et d'après (XIX)

$$\frac{d\gamma}{dy} - \frac{d\beta}{dz} = \frac{1}{V^2}\left(u\frac{dY_c}{dy} - v\frac{dX_c}{dy} - w\frac{dX_c}{dz} + u\frac{dZ_c}{dz}\right),$$

ce qui, d'après (20), donne :

$$(\text{XXI}) \quad \begin{cases} \dfrac{d\gamma}{dy} - \dfrac{d\beta}{dz} = \dfrac{1}{V^2}u \text{ divergence } \mathcal{E}_c + \dfrac{1}{V^2}\dfrac{dX_c}{dt}, \\ \dfrac{d\alpha}{dz} - \dfrac{d\gamma}{dx} = \dfrac{1}{V^2}v \quad \text{»} \quad \mathcal{E}_c + \dfrac{1}{V^2}\dfrac{dY_c}{dt}, \\ \dfrac{d\beta}{dx} - \dfrac{d\alpha}{dy} = \dfrac{1}{V^2}w \quad \text{»} \quad \mathcal{E}_c + \dfrac{1}{V^2}\dfrac{dZ_c}{dt}, \end{cases}$$

qu'on peut écrire

$$(\text{XXI}') \qquad [\nabla\mathcal{H}] = \frac{1}{V^2}(\nabla\mathcal{E}_c) + \frac{1}{V^2}\frac{d\mathcal{E}_c}{dt}.$$

Remarquons que, dans ces relations où x, y, z sont les coordonnées d'un point quelconque du champ, u, v, w sont les composantes de la vitesse du corps, cause du champ, dont la position n'est pas quelconque. Les premiers termes des seconds membres sont nuls ou non suivant que la divergence est nulle ou différente de zéro. A l'intérieur du corps, cause du champ, les produits tels que u div. $\mathcal{E}_C$ peuvent être différents de zéro.

Dalembertien des composantes de $\mathcal{H}$. — Différentions la seconde des équations (XXI) par rapport à z; la troisième, changée de signe, par rapport à y; différentions (XXII) par rapport à x; différentions la première relation (XIX) deux fois par rapport à t. Additionnons membres à membres les quatre relations ainsi obtenues; puis appliquons la relation (20) à la fonction $(\nabla \mathcal{E}_C)$; il vient ainsi :

$$\square \alpha = \frac{\partial}{\partial t} \frac{1}{V^2}\left(\frac{dY_c}{dz} - \frac{dZ_c}{dy}\right) + v\square Z_c - w\square Y_c,$$

mais le premier terme du second membre est nul; il reste

$$\square \alpha = \frac{1}{V^2}[v\square Z_c - w\square Y_c].$$

Pour les composantes β et γ, on aura deux relations analogues; et les trois équations sont contenues dans l'équation vectorielle

$$\square \mathcal{H} = \frac{1}{V^2}[W\square \mathcal{E}_c].$$

Appliquons maintenant le principe posé (§ 20). On aura

$$\square \mathcal{E}_c = 0.$$

Il en résulte

$$\square \mathcal{H} = 0.$$

De même que le champ cinétique, le champ laplacien aura un dalembertien nul dans le vide Cela justifie la dénomination de *champ* attribuée à $\mathcal{H}$.

45. **Fonctions harmoniques**. — Supposons que dans S_2, les corps causes du champ soient immobiles (champ statique) et représentons ce champ par $\mathcal{E}_2$; il ne dépend pas du temps. On a donc

$$\square \mathcal{E}_2 = 0, \qquad \frac{d^2 \mathcal{E}_2}{dt^2} = 0.$$

Il en résulte

$$\Delta \mathcal{E}_2 = 0.$$

Ainsi les seules forces entre corps en repos compatibles avec le principe *a* sont les forces, *fonctions harmoniques* des coordonnées. Cela a lieu quelle que soit la direction du champ.

CHAPITRE VI.

FORCES CENTRALES.

---

46. Jusqu'ici il n'a pas été fait d'hypothèse sur la direction de la force qui s'exerce par exemple entre deux corps ponctuels. L'expérience nous montre que, dans certains cas, la force qui s'exerce entre deux corps ponctuels au repos est dirigée suivant la droite qui les joint, et dans un sens ou dans l'autre suivant que les corps tendent à se rapprocher ou à s'éloigner ou, comme l'on dit, que la force est attractice ou répulsive, que de plus elle diminue quand la distance augmente et devient nulle à l'infini.

Les forces sont fonctions harmoniques, elles sont centrales et nulles à l'infini; le champ de force d'un corps ponctuel varie donc nécessairement en raison inverse du carré de la distance (¹); c'est là une nouvelle conséquence du principe *a*. Nous en déduirons aisément le champ cinétique. Supposons, par

(¹) Cette conséquence ne peut s'obtenir à partir des deux principes du paragraphe 1. Il est nécessaire d'y adjoindre un postulat (E.-M. Lémeray, *C. R. Acad. Sc.*, t. CLV, 1912, p. 1005).

exemple, la force attractive. Nous avons vu que le champ cinétique au point $P(x, y, z)$ dû à C en mouvement suivant OX (*fig.* 12) a pour compo-

Fig. 12.

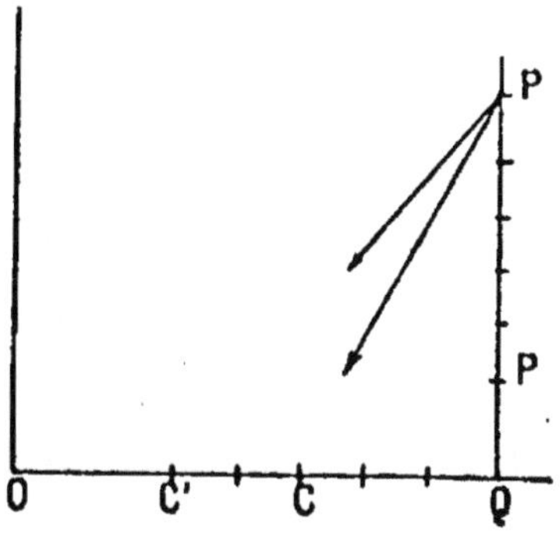

santes X_c, Y_c, Z_c, reliées par les équations (XVI) aux composantes X_2, Y_2, Z_2, au repos et que ces dernières se rapportent à la position C′ du corps ponctuel C avec la condition

$$\overline{OQ} - \overline{OC'} = \frac{CQ}{\sqrt{1-\lambda^2}}.$$

Si l'instant où C passe à l'origine O est pris pour origine des temps, on a :

$$OC = \lambda V t.$$

La figure 12, qui est un cas particulier de la figure 11, est faite dans l'hypothèse : $\lambda = \frac{4}{5}$. On a au repos, dans le système S_2,

$$(21) \quad X_2 = K \frac{x_2 - \overline{OC'}}{r_2^3}, \qquad Y_2 = K \frac{y_2}{r_2^3}, \qquad Z = K \frac{z_2}{r_2^3},$$

$$r_2^2 = (x_2 - \overline{OC})^2 + y_2^2 + z_2^2.$$

D'après (XVI) nous avons pour le champ cinétique, et en supprimant l'indice 1,

$$(22)\quad \left\{ \begin{aligned} & X_c = \frac{K}{\sqrt{1-\lambda^2}} \frac{x-\lambda V t}{L^{\frac{3}{2}}}, \quad Y_c = \frac{K}{\sqrt{1-\lambda^2}} \frac{y}{L^{\frac{3}{2}}}, \quad Z_c = \frac{K}{\sqrt{1-\lambda^2}} \frac{}{L} \\ & L = \left(\frac{x-\lambda V t}{\sqrt{1-\lambda^2}}\right)^2 + y^2 + z^2. \end{aligned} \right.$$

On voit que le champ cinétique est dirigé suivant la droite qui joint actuellement les deux corps.

Vérifions que les fonctions satisfont aux conditions imposées; faisons le calcul pour X. En différentiant deux fois, on a, au facteur K près,

$$\frac{d^2 X_c}{dx^2} = -\frac{3\,L^{-\frac{5}{2}}(x-\lambda V t)}{1-\lambda^2}\left[3-5\left(\frac{x-\lambda V t}{\sqrt{1-\lambda^2}}\right)^2 L^{-1}\right],$$

$$-\frac{1}{V^2}\frac{d^2 X_c}{dt^2} = \frac{3\lambda^2 L^{-\frac{5}{2}}(x-\lambda V t)}{1-\lambda^2}\left[3-5\left(\frac{x-\lambda V t}{\sqrt{1-\lambda^2}}\right)^2 L^{-1}\right],$$

$$\frac{d^2 X_c}{dy^2} = -3\,L^{-\frac{5}{2}}(x-\lambda V t)\left[1-5y^2 L^{-1}\right],$$

$$\frac{d^2 X_c}{dz^2} = -3\,L^{-\frac{5}{2}}(x-\lambda V t)\left[1-5z^2 L^{-1}\right].$$

Tenant compte de (22) et en additionnant les quatre équations, on a

$$\Box X_c = \frac{d^2 X_c}{dx^2} + \frac{d^2 X_c}{dy^2} + \frac{d^2 X_c}{dz^2} - \frac{1}{V^2}\frac{d^2 X_c}{dt^2} = 0,$$

La fonction X_c satisfait bien à la condition $\Box = 0$. Cela ne peut être clairement interprété comme indiquant une propagation de vitesse V, puisque le mouvement uniforme dure depuis une époque infiniment antérieure. Mais dans le cas actuel, le champ se propage parallèlement à OX avec une vitesse λV; il faut donc avoir

$$\frac{d^2 X_c}{dx^2} - \frac{1}{\lambda^2 V^2}\frac{d^2 X_c}{dt^2} = 0.$$

C'est bien ce que l'on obtient au moyen des deux premières équations du groupe précédent.

En général, les forces au repos étant harmoniques et centrales, la divergence est proportionnelle à la densité ρ. Nous écrirons :

$$(\nabla \mathcal{E}_2) = \frac{dX_2}{dx_2} + \frac{dY_2}{dy_2} + \frac{dZ_2}{dz_2} = K 4\pi V^2 \rho_2.$$

D'après les propriétés de ces fonctions, on peut écrire immédiatement [1]:

$$(23)\quad \left\{\begin{aligned} &[\nabla \mathcal{E}_2] = 0,\\ &\Delta X_2 = K 4\pi V^2 \frac{d\rho_2}{dx_2},\\ &\Delta Y_2 = K 4\pi V^2 \frac{d\rho_2}{dy_2},\\ &\Delta Z_2 = K 4\pi V^2 \frac{d\rho_2}{dz_2}.\end{aligned}\right.$$

---

[1] Les forces étant centrales on a $[\nabla \mathcal{E}_2] = 0$, c'est-à-dire

$$\frac{dY}{dz} - \frac{dZ}{dy} = 0, \qquad \frac{dZ}{dx} - \frac{dX}{dz} = 0, \qquad \frac{dX}{dy} - \frac{dY}{dx} = 0.$$

Des deux dernières relations on tire

$$\frac{d^2X}{dz^2} = \frac{d^2Z}{dx\,dz}, \qquad \frac{d^2X}{dy^2} = \frac{d^2Y}{dx\,dz},$$

d'où

$$\Delta X = \frac{d^2X}{dx^2} + \frac{d^2Y}{dx\,dy} + \frac{d^2Z}{dx\,dy} = \frac{d}{dx}\left(\frac{dX}{dx} + \frac{dY}{dy} + \frac{dZ}{dz}\right),$$

$$\Delta X = K 4\pi V^2 \frac{d\rho}{dx}.$$

Dans le cas où un corps C décrit une parallèle à OX, nous aurons, d'après (XIX),

$$(24)\qquad \alpha = 0, \quad \beta = -\frac{\lambda}{V} Z_c, \quad \gamma = \frac{\lambda}{V} Y_c.$$

47. Calculons la divergence du champ cinétique. Pour le système S_1 on a

$$dx_1 = dx_2\sqrt{1-\lambda^2}, \qquad dy_1 = dy_2, \qquad dz_1 = dz_2,$$

et, en tenant compte de (XVI),

$$(\nabla \mathcal{E}_c) = \frac{dX_c}{dx_1} + \frac{dY_c}{dy_1} + \frac{dZ_c}{dz_1},$$

$$(\nabla \mathcal{E}_c) = \frac{1}{\sqrt{1-\lambda^2}}\left(\frac{dX_2}{dx_2} + \frac{dY_2}{dy_2} + \frac{dZ_2}{dz_2}\right) = \frac{1}{\sqrt{1-\lambda^2}} K 4\pi V^2 \rho_2.$$

Nous allons maintenant faire une hypothèse, c'est que la substance du corps ne se perd pas par le mouvement de translation; son volume au regard de S_1 diminue proportionnellement au facteur de Lorentz; si ρ_1 est sa densité au regard de S_1, on aura

$$\rho_2 = \rho_1\sqrt{1-\lambda^2}.$$

Il vient donc

$$(\nabla \mathcal{E}_c) = K 4\pi V^2 \rho_1.$$

Les relations (XXI) deviennent alors, en supprimant l'indice 1,

$$(\text{XXII})\qquad \begin{cases} \dfrac{d\gamma}{dy} - \dfrac{d\beta}{dz} = K 4\pi\rho u + \dfrac{1}{V^2}\dfrac{dX_c}{dt}, \\[2ex] \dfrac{d\alpha}{dz} - \dfrac{d\gamma}{dx} = K 4\pi\rho v + \dfrac{1}{V^2}\dfrac{dY_c}{dt}, \\[2ex] \dfrac{d\beta}{dx} - \dfrac{d\alpha}{dy} = K 4\pi\rho w + \dfrac{1}{V^2}\dfrac{dZ_c}{dt}, \end{cases}$$

ou bien

$$[\nabla \mathcal{H}] = \mathrm{K} 4\pi\rho \mathrm{W} + \frac{1}{\mathrm{V}^2} \frac{d\mathcal{E}_c}{dt}.$$

Pour obtenir le curl et le dalembertien du champ cinétique, nous partirons en général des équations (23) qui donnent le curl et le laplacien Δ du champ statique $\mathcal{E}_2$; nous transformerons au moyen des relations (XVI′), (I′) et de relations analogues à (6′), mais obtenues en partant de (I′) au lieu de (I); puis nous tiendrons compte des relations (XIX). Les résultats ainsi obtenus conviendront à une vitesse d'orientation quelconque.

Bornons-nous, ce qui ne restreint pas la généralité, au cas où l'axe des x est privilégié; nous employons alors les relations (23), (XVI), (I) et (6′), mais en permutant dans ces dernières les indices (1) et (2), en changeant λ en $-\lambda$.

Occupons-nous des composantes

$$\frac{dZ_2}{dx_2} - \frac{dX_2}{dz_2} = 0, \qquad \frac{dX_2}{dy_2} - \frac{dY_2}{dx_2} = 0.$$

D'après (XVI),

$$X_2 = X_c, \qquad Y_2 = Y_c\sqrt{1-\lambda^2}, \qquad Z_2 = Z_c\sqrt{1-\lambda^2}.$$

Transformons au moyen des équations (6′) modifiées comme il vient d'être dit :

$$\sqrt{1-\lambda^2}\left(\frac{1}{\sqrt{1-\lambda^2}}\frac{dZ_c}{dx_1} + \frac{1}{\sqrt{1-\lambda^2}}\frac{\lambda}{\mathrm{V}}\frac{dZ_c}{dt_1}\right) - \frac{dX_c}{dz_1} = 0,$$

d'où

$$\frac{dZ_c}{dx_1} - \frac{dX_c}{dz_1} = -\frac{\lambda}{\mathrm{V}}\frac{dZ_c}{dt_1}.$$

En opérant de même sur la seconde composante, il vient

$$\frac{dX_c}{dy_1} - \frac{dY_c}{dx_1} = \frac{\lambda}{V}\frac{dY_c}{dt_1}.$$

Éliminons la vitesse λV. Pour cela nous ne disposons que des relations (24) auxquelles se réduisent (XIX) pour le cas de l'axe OX privilégié; on obtient ainsi

$$\frac{dX_c}{dz_1} - \frac{dZ_c}{dx_1} = -\frac{d\beta}{dt},$$
$$\frac{dY_c}{dx_1} - \frac{dX_c}{dy_1} = -\frac{d\gamma}{dt}.$$

D'une façon générale, en supprimant l'indice 1, on a

(XXIII) $$[\nabla\ \ ] = -\frac{d\mathcal{H}}{dt}.$$

Dalembertien. — On a, par exemple, pour X_2

$$\frac{d^2X_2}{dx_2^2} + \frac{d^2X_2}{dy_2^2} + \frac{d^2X_2}{dz_2^2} = 4\pi V^2 \frac{d\rho_2}{dx_2},$$
$$\frac{d^2X_2}{dt_2^2} = 0;$$

puisque, dans S_2, le champ est indépendant du temps. En transformant et en remarquant (XXI) que $X_c = X_2$, on obtient

$$\left.\begin{matrix}\dfrac{1}{1-\lambda^2}\left\{\dfrac{d^2X_c}{dx_1^2} + \dfrac{2\lambda}{V}\dfrac{d^2X_c}{dx_1\,dt_1} + \dfrac{\lambda^2}{V^2}\dfrac{d^2X_c}{dt_1^2}\right\} \\ + \dfrac{d^2X_c}{dy_1^2} + \dfrac{d^2X_c}{dz_1^2}\end{matrix}\right\} = 4\pi V^2\left(\frac{d\rho_1}{dx_1} + \frac{\lambda}{V}\frac{d\rho_1}{dt_1}\right.$$

$$\frac{1}{1-\lambda^2}\left\{\lambda^2\frac{d^2X_c}{dx_1^2} + \frac{2\lambda}{V}\frac{d^2X_c}{dx_1\,dt_1} + \frac{1}{V^2}\frac{d^2X_c}{dt_1^2}\right\} = 0;$$

d'où, par soustraction,

$$\square X_c = K 4\pi \left(V^2 \frac{d\rho_1}{dx_1} + \lambda V \frac{d\rho_1}{dt_1} \right).$$

On a aussi

$$\square \mathcal{E}_c = K 4\pi \left(V^2 \nabla\rho + W \frac{d\rho}{dt} \right).$$

Il nous reste à calculer la divergence et le dalembertien du champ laplacien. Partons des formules (XIX). Différentions-les respectivement par rapport à x, y, z et additionnons-les. Il vient

$$(\nabla\mathcal{H}) = \frac{1}{V^2} \left\{ \begin{array}{l} u \left(\frac{dY_c}{dx_1} - \frac{dX_c}{dy_1} \right) \\ + v \left(\frac{dZ_c}{dy_1} - \frac{dY_c}{dz_1} \right) \\ + w \left(\frac{dX_c}{dz_1} - \frac{dZ_c}{dx_1} \right) \end{array} \right\}.$$

Remplaçant par les valeurs obtenues tout à l'heure, on peut écrire

$$(\nabla\mathcal{H}) = \frac{1}{V^2} \frac{d}{dt}(u\alpha + v\beta + w\gamma).$$

Or $\mathcal{H}$ est perpendiculaire à la vitesse des corps, causes du champ; le second membre est donc nul. On a donc

$$(\nabla\mathcal{H}) = 0.$$

Pour le dalembertien, on trouve la relation

$$\square \alpha = K 4\pi \left[w \frac{d\rho}{dy} - v \frac{d\rho}{dz} \right]$$

et deux autres analogues.

En résumé, nous avons

$$(\text{XXIV})\quad\begin{cases}(\nabla\mathcal{E}) = \text{K}4\pi\text{V}^2\rho, & [\nabla\mathcal{E}] = -\dfrac{d\mathcal{H}}{dt},\\ (\nabla\mathcal{H}) = 0, & [\nabla\mathcal{H}] = \text{K}4\pi\rho\text{W} + \dfrac{1}{\text{V}^2}\dfrac{d\mathcal{E}}{dt},\\ \square\,\mathcal{E} = \text{K}4\pi\left(\text{V}^2\nabla\rho + \text{W}\dfrac{d\rho}{dt}\right), & \\ \square\,\mathcal{H} = -\text{K}4\pi[\text{W}\nabla\rho]. & \end{cases}$$

La force qui s'exerce sur un élément de volume où la densité est ρ a pour valeur

$$(\text{XXV})\qquad f = \rho(\mathcal{E} + [\text{W}\mathcal{H}])\,d\tau;$$

K ne figure pas dans cette expression.

48. Déformation à vitesse constante. — Jusqu'ici nous ne nous sommes occupé que du champ de corps dont tous les points sont animés d'une même vitesse uniforme, de sorte que la vitesse était constante pendant toute la durée du passage du corps en un point. Je vais examiner maintenant un cas plus étendu, qu'on pourrait appeler *mouvement de déformation à vitesse constante*. Soit, au temps pris pour origine, un corps immobile dont la densité ρ est une fonction des coordonnées a, b, c. Faisons subir au corps une déformation *quelconque*, mais finie et variant continûment d'un point aux points voisins; au bout d'un temps fini θ, le corps a une nouvelle forme; soit l la longueur de la droite joignant les positions initiale et finale d'un élément; désignons par u, v, w les projections du rapport $\frac{l}{\theta}$;

u, v, w sont des fonctions quelconques mais finies et continues de a, b, c; cela posé, supposons qu'un deuxième corps identique au précédent, au temps origine, se meut et se déforme constamment de manière que l'élément $da\,db\,dc$ conserve, depuis une époque infiniment antérieure au temps origine, jusqu'à une époque infiniment postérieure, la même vitesse u, v, w et posons encore

$$u^2 + v^2 + w^2 = W^2 = A^2 V^2;$$

nous sommes dans les conditions rigoureuses où tout ce qui précède est applicable. Dans le cas où l'axe OX était privilégié, nous avions les expressions (22); étendons-les au cas de directions quelconques mais rectangulaires, au moyen des formules de transformation du paragraphe 17. Posons

$$R^2 = (x - a - ut)^2 + (y - b - vt)^2 + (z - c - wt)^2,$$

nous avons

$$L^2 = (1 - A^2)\,\Sigma(x - a - ut)^2 + \frac{1}{V^2}\,[\Sigma u(x - a - ut)]^2,$$

nous obtenons les expressions vectorielles des deux champs :

$$\mathcal{E} = KV^2 \int (1 - A^2)\rho R L^{-3}\, d\tau,$$

$$\mathcal{H} = K \int (1 - A^2)^2 \rho [RW] L^{-3}\, d\tau,$$

$$d\tau = da\,db\,dc,$$

où les intégrales triples doivent être étendues au volume occupé par le corps à une époque fixe, qu'on peut d'ailleurs choisir arbitrairement. Pour la première composante de $\mathcal{E}$, on a

$$X = KV^2 \int (1 - A^2) \rho (x - a - ut) L^{-3} d\tau,$$

ce qu'on peut écrire

$$\begin{aligned} X = \quad & KV^2 \int \left[(1 - A^2) \rho (x - a - ut) \right. \\ & \left. \qquad + \frac{\rho u}{V^2} \Sigma u (x - a - ut) \right] L^{-3} d\tau \\ & - KV^2 \int (1 - A^2) \frac{\rho u}{V^2} \Sigma u (x - a - ut) L^{-3} d\tau. \end{aligned}$$

Or on a

$$\begin{aligned} L \frac{dL}{dx} &= (1 - A^2)(x - a - ut) + \frac{u}{V^2} \Sigma u (x - a - ut), \\ L \frac{dL}{dt} &= - \Sigma u (x - a - ut). \end{aligned}$$

Considérons les fonctions

$$\Psi = KV^2 \int \frac{\rho\, d\tau}{L},$$

$$\Phi_x = K \int \frac{\rho u}{L} d\tau, \qquad \Phi_y = K \int \frac{\rho v}{L} d\tau, \qquad \Phi_z = K \int \frac{\rho w}{L} d\tau.$$

S'il s'agit d'un point x, y, z du champ situé, au temps t, en dehors de l'espace occupé par le corps, on peut différentier sous le signe par rapport aux coordonnées et au temps; on trouve aisément les relations

$$\mathcal{E} = -\nabla \psi - \frac{d\Phi}{dt}, \qquad \mathcal{H} = [\nabla \Phi]$$

et

$$\frac{1}{V^2}\frac{d\psi}{dt} + (\nabla\Phi) = 0,$$

$$[\nabla\mathcal{E}] + \frac{d\mathcal{H}}{dt} = 0, \qquad [\nabla\mathcal{H}] - \frac{1}{V^2}\frac{d\mathcal{E}}{dt} = 0,$$

$$(\nabla\mathcal{H}) = 0, \qquad (\nabla\mathcal{E}) = 0,$$

et l'on vérifie, conformément au principe a,

$$\Box_V \mathcal{E} = 0, \qquad \Box_V \mathcal{H} = 0.$$

Quand le point du champ se trouve à l'intérieur du corps, il suffit d'intégrer dans un petit volume quelconque comprenant ce point. On retrouve alors les trois premières relations précédentes; les six autres deviennent

$$\text{(XXIV')}\left\{\begin{array}{ll} [\nabla\mathcal{E}] + \dfrac{d\mathcal{H}}{dt} = 0, & [\nabla\mathcal{H}] - \dfrac{1}{V^2}\dfrac{d\mathcal{E}}{dt} = K4\pi\rho W, \\ (\nabla\mathcal{H}) = 0, & (\nabla\mathcal{E}) = K4\pi V^2\rho, \\ \Box\mathcal{E} = K4\pi\left(V^2\nabla\rho + \dfrac{d\rho w}{dt}\right), & \Box\mathcal{H} = K4\pi[\nabla C], \end{array}\right.$$

où l'on a posé $C = \rho W$.

Ces relations ne diffèrent des relations (XXIV) que par le passage de W qui varie avec x, y, z et t, sous le signe de différentiation.

Ces relations (XXIV') sont valables quelque rapide que soit la variation en un point du champ. Elles sont des conséquences nécessaires des principes posés. On voit qu'aucune d'elles ne contient W; elles contiennent ρ et le produit ρW.

Nous n'avons pas le droit de les considérer comme

applicables au cas général; nous pouvons seulement nous demander *par induction* si elles ne pourraient être générales; c'est-à-dire que nous sommes obligés de les comparer aux résultats tirés de l'expérience.

Or, si nous supposons $K = +1$, elles sont identiques aux équations générales de l'Électrodynamique, pour le cas des conducteurs et du vide. L'induction faite est justifiée *a posteriori*. On conçoit l'intérêt que présenterait l'introduction d'une transformation plus générale que celle de Lorentz.

Pour limitée que soit la méthode suivie, par suite de l'emploi des seuls mouvements relatifs uniformes des deux systèmes de référence, elle n'en montre pas moins la fécondité des principes posés ([1]).

Quant au principe de Statique (§ 23) et à la loi fondamentale de la Dynamique (§ 25), ils se fusionnent dans le principe de d'Alembert considéré comme applicable seulement au début du mouvement.

Nous ne nous sommes pas appuyé ici sur le principe de moindre action. Dans la Dynamique proprement dite, c'est un théorème qu'on démontre à partir du principe de d'Alembert.

En Électrodynamique, pour appliquer le principe, on définit l'énergie par la somme des carrés du champ électrique et du champ magnétique; ce dernier champ est introduit comme donnée expérimentale; tandis que, dans notre exposé, le champ

---

([1]) *Voir* la note de la page 110.

laplacien s'introduit comme facteur de la force supplémentaire qui est elle-même une conséquence nécessaire des principes.

49. Les équations (XXIV′) se réduisant, pour $K = +1$, aux équations électromagnétiques peuvent être intégrées immédiatement; il suffira de remplacer la densité électrique ρ par $K\rho$, où ρ désigne une densité de substance quelconque. Bien entendu, l'équation (XXV) ne change dans aucun cas, puisque K n'y figure pas. On aura les fonctions suivantes :

Potentiel scalaire retardé,

$$\psi = KV^2 \int \rho\left(t - \frac{r}{V}\right) \frac{d\tau}{r}.$$

Potentiel vecteur retardé,

$$\mathfrak{F} = K \int \rho\left(t - \frac{r}{V}\right) W \left(t - \frac{r}{V}\right) \frac{d\tau}{r},$$

où $d\tau$ est l'élément de volume.

Champ cinétique,

$$\mathcal{E}_c = -\nabla\psi - \frac{d\mathfrak{F}}{dt}.$$

Champ laplacien,

$$\mathcal{H} = [\nabla\mathfrak{F}].$$

50. **Égalité de l'action et de la réaction.** — Les forces exercées par le corps C sur P et par le corps P sur C ne sont pas égales et contraires *au même*

instant, ces termes se rapportant à un seul observateur. Mais, dans le cas du mouvement relatif uniforme, cette égalité existe pour l'ensemble des *deux* observateurs liés, l'un à P, l'autre à C; les deux observateurs trouvent, *aux mêmes heures locales*, les mêmes valeurs des forces *appliquées*. Pour eux, l'ancien principe (égalité en valeur absolue et sens contraires des forces MOTRICES) est satisfait ([1]). On peut faire un rapprochement intéressant.

Considérons deux courants constants rectilignes. Portons notre attention sur la force électrodynamique; calculons le champ magnétique d'un élément *ds* de l'un des courants et la force électrodynamique exercée sur l'élément *ds'* du second courant dans le champ du premier. Calculons réciproquement la force exercée sur *ds* dans le champ de *ds'*. Nous trouvons deux forces qui ne sont ni égales, ni opposées, ni situées dans un même plan pour le physicien en présence des deux courants. Mais si nous considérons deux observateurs liés aux électricités en mouvement, ils trouvent que les forces ont les mêmes valeurs aux mêmes heures locales.

([1]) Cela est différent de la forme de Poincaré-Abraham (§ 51) conservation de l'impulsion).

CHAPITRE VII.

FORCES RÉPULSIVES.

51. Parmi les forces centrales, considérons d'abord les forces répulsives, $K = +1$. Il s'agit alors d'électricité, et de la force exercée par un élément d'électricité sur un élément de nature identique. (Il y aura attraction d'un élément d'une nature sur un élément de nature contraire.)

Nous allons rappeler les équations du champ électromagnétique pour les mettre sous la forme remarquable que leur a donnée Minkowski; nous emploierons les unités C. G. S. E. M.

Notations :

ρ, densité; W, vitesse aux composantes u, v, w;
C, courant, $C_x = \rho u$, $C_y = \rho v$, $C_z = \rho w$;
$\mathcal{E}$, champ électrique (X, Y, Z);
$\mathcal{H}$, champ magnétique (α, β, γ);
f, force électrique et électrodynamique;
$\mathfrak{G}$, densité de puissance; travail par seconde sur l'unité de volume où la densité est ρ.

On a pour équations du champ :

$$\frac{d\rho}{dt} + (\nabla C) = 0 \tag{27}$$

$$\frac{1}{V^2}\frac{d\psi}{dt} + (\nabla \mathcal{J}) = 0, \tag{27'}$$

et

$$\square\psi = -4\pi V^2\rho, \tag{28}$$

$$\square\mathfrak{J} = -4\pi C, \tag{28'}$$

$$\mathcal{E} = -\nabla\psi - \frac{d\mathfrak{J}}{dt}, \tag{29}$$

$$\mathcal{H} = [\nabla\mathfrak{J}], \tag{29'}$$

$$\left\{\begin{aligned} \frac{d\gamma}{dy} - \frac{d\beta}{dz} - \frac{1}{V^2}\frac{dX}{dt} &= 4\pi\rho u, \\ \frac{d\alpha}{dz} - \frac{d\gamma}{dx} - \frac{1}{V^2}\frac{dY}{dt} &= 4\pi\rho v, \\ \frac{d\beta}{dx} - \frac{d\alpha}{dy} - \frac{1}{V^2}\frac{dZ}{dt} &= 4\pi\rho w, \end{aligned}\right. \tag{30}$$

$$\frac{d\alpha}{dx} + \frac{d\beta}{dy} + \frac{d\gamma}{dz} = 0, \tag{31}$$

$$\left\{\begin{aligned} -\frac{dZ}{dy} + \frac{dY}{dz} - \frac{d\alpha}{dt} &= 0, \\ -\frac{dX}{dz} + \frac{dZ}{dx} - \frac{d\beta}{dt} &= 0, \\ -\frac{dY}{dx} + \frac{dX}{dy} - \frac{d\gamma}{dt} &= 0, \end{aligned}\right. \tag{32}$$

$$\frac{dX}{dx} + \frac{dY}{dy} + \frac{dZ}{dz} = 4\pi V^2\rho, \tag{33}$$

puis, pour la force qui s'exerce sur l'unité de volume, où la densité est ρ [1],

$$\left\{\begin{aligned} f_x &= \rho(X + v\gamma - w\beta), \\ f_y &= \rho(Y + w\alpha - u\gamma), \\ f_z &= \rho(Z + u\beta - v\alpha) \end{aligned}\right. \tag{34}$$

---

[1] L'induction par déplacement d'un conducteur dans un champ est une conséquence de l'existence de la force f et s'obtient indépendamment de l'extension faite plus haut (p. 106).

et pour la puissance développée par cette force, ou travail par unité de temps et par unité de volume,

$$(35)\qquad \mathfrak{T} = \rho(uf_x + vf_y + wf_z) = \rho(uX + vY + wZ).$$

Reportons-nous aux équations (XIX) qui nous donnent le champ laplacien en général; dans le cas actuel, $\mathcal{H}$ n'est autre que le champ magnétique.

En appliquant aux équations (30), (31), (32), (33) le *traitement scalaire* et le *traitement vectoriel*, nous obtiendrons les deux théorèmes de conservation de l'énergie et de l'impulsion.

Traitement scalaire. — Multiplions les équations (30) et (32) respectivement par X, Y, Z, α, β, γ, et additionnons membres à membres les six équations ainsi obtenues. Il vient l'équation unique

$$(36)\qquad \rho(uX + vY + wZ) = \frac{1}{4\pi}\left\{\begin{array}{l} -\dfrac{1}{2}\dfrac{d}{dt}\left(\dfrac{\mathcal{E}^2}{V^2} + \mathcal{H}^2\right) \\ -(\nabla[\mathcal{E}\mathcal{H}]) \end{array}\right\}.$$

Traitement vectoriel. — Multiplions les équations (32) respectivement par o, $-\frac{Z}{V^2}$, $\frac{Y}{V^2}$; les équations (30) respectivement par o, γ, $-\beta$; l'équation (31) par α, l'équation (33) par $\frac{X}{V^2}$ et additionnons membres à membres; nous obtenons une première équation

$$(37)\quad \rho(X + v\gamma - \beta w) = -\frac{1}{4\pi}\left\{\begin{aligned}&\frac{1}{V^2}\frac{d}{dt}(Y\gamma - Z\beta)\\ &+\left\{\begin{aligned}&\frac{d}{dx}\left(\frac{Y^2+Z^2-X^2}{2V^2} + \frac{\beta^2+\gamma^2-\alpha^2}{2}\right)\\ &+\frac{d}{dy}\left(-\frac{XY}{V^2} - \alpha\beta\right)\\ &+\frac{d}{dz}\left(-\frac{XZ}{V^2} - \alpha\gamma\right)\end{aligned}\right.\end{aligned}\right.$$

En tirant de cette équation par permutation deux équations analogues, nous avons un groupe de trois équations qui se condensent dans l'équation vectorielle

$$(38)\qquad f = -\frac{1}{4\pi V^2}\frac{d}{dt}[\mathcal{E}\mathcal{H}] - \frac{1}{4\pi}[\nabla \mathbf{p}],$$

où $\mathbf{p}$ est le tenseur ([1]) électromagnétique dont les neuf composantes donnent les pressions de Maxwell et forment le Tableau symétrique

$$(39)\quad \begin{array}{l|l|l}
\mathbf{p}_{xx} = \frac{1}{2}\left\{\frac{\mathcal{E}^2 - 2X^2}{V^2} + \mathcal{H}^2 - 2\alpha^2\right\} & \mathbf{p}_{xy} = -\left\{\frac{XY}{V^2} + \alpha\beta\right\} & \mathbf{p}_{xz} = -\left\{\frac{XY}{V^2} + \alpha\gamma\right\}\\
\mathbf{p}_{yx} = -\left\{\frac{YX}{V^2} + \beta\alpha\right\} & \mathbf{p}_{yy} = \frac{1}{2}\left\{\frac{\mathcal{E}^2 - 2Y^2}{V^2} + \mathcal{H}^2 - 2\beta^2\right\} & \mathbf{p}_{yz} = -\left\{\frac{YZ}{V^2} + \beta\gamma\right\}\\
\mathbf{p}_{zx} = -\left\{\frac{ZX}{V^2} + \gamma\alpha\right\} & \mathbf{p}_{zy} = -\left\{\frac{ZY}{V^2} + \gamma\beta\right\} & \mathbf{p}_{zz} = \frac{1}{2}\left\{\frac{\mathcal{E}^2 - 2\ldots}{V^2} + \mathcal{H}^2 - \ldots\right.
\end{array}$$

([1]) *Voir* Introduction, § 10

Rappelons l'interprétation de ces deux théorèmes. Posons

$$(40) \qquad E = \frac{1}{8\pi}\left(\frac{\mathcal{E}^2}{V^2} + \mathcal{H}^2\right),$$

$$(41) \qquad P = \frac{1}{4\pi}[\mathcal{E}\mathcal{H}];$$

E est la densité d'énergie; P est le vecteur radiant de Poynting.

Le premier théorème s'écrit alors

$$(42) \qquad \mathfrak{T} + \frac{dE}{dt} + (\nabla P) = 0$$

et s'énonce : « Le travail effectué sur l'unité de volume par les forces électromagnétiques est égal et de signe contraire à la dérivée, par rapport au temps, de la densité d'énergie, augmentée de la divergence du vecteur radiant », ou encore : « En considérant un volume limité quelconque, la puissance fournie par les forces intérieures et le rayonnement est empruntée à l'énergie électromagnétique » [1].

Si l'on appelle « quantité de mouvement électromagnétique » la quantité

$$(43) \qquad \mathcal{G} = \frac{P}{V^2},$$

le second théorème exprime que la densité de force

---

[1] ABRAHAM, *Ions, Électrons, Molécules*, fasc. 1, p. 15.

est égale et de signe contraire à la somme de la dérivée de la quantité de mouvement par rapport au temps, et de la divergence du tenseur électromagnétique.

C'est la forme de Poincaré-Abraham du principe de l'égalité de l'action et de la réaction.

52. Nous avons vu que, dans la transformation de Lorentz, les expressions $x^2 + y^2 + z^2 - V^2 t^2$ et $\square$ sont invariantes. Or, Vt est homogène à une longueur; posons

$$iVt = l, \qquad i^2 = -1; \tag{44}$$

ces deux expressions deviennent

$$x^2 + y^2 + z^2 + l^2 \quad \text{et} \quad \frac{d^2}{dx^2} + \frac{d^2}{dy^2} + \frac{d^2}{dz^2} + \frac{d^2}{dl^2};$$

ainsi le dalembertien se réduit à un laplacien à 4 dimensions.

x, y, z, l sont les coordonnées d'*univers;* un événement qui se passe en un lieu x, y, z au temps t est un état au point (x, y, z, l) d'univers. Une trajectoire devient une *ligne d'univers*.

L'introduction d'une quatrième dimension à la place du temps permet d'appliquer immédiatement la théorie des vecteurs, d'opérer par exemple des substitutions, etc. On peut ensuite traduire le résultat dans le langage de la cinématique et de la dynamique électromagnétique. En outre, par l'emploi des notations vectorielles, les équations prennent une forme très concise. Posons

$$(45)\quad F = \Phi_x, \qquad G = \Phi_y, \qquad H = \Phi_z, \qquad \frac{1}{V}\psi = i\Phi_l,$$

$$(46)\quad \rho V = -iC_l.$$

Les équations (27) et (27′) deviennent

$$(47)\quad \frac{dC_x}{dx} + \frac{dC_y}{dy} + \frac{dC_z}{dz} + \frac{dC_l}{dl} = 0,$$

$$(48)\quad \frac{d\Phi_x}{dx} + \frac{d\Phi_y}{dy} + \frac{d\Phi_z}{dz} + \frac{d\Phi_l}{dl} = 0.$$

Les trois équations (28) et l'équation (28′) se réduisent à une seule :

$$(49)\quad \Box\Phi = -4\pi C.$$

Les équations (29) et (29′) s'écrivent

$$(50)\quad \left\{\begin{aligned} -\frac{i}{V}X &= \frac{d\Phi_l}{dx} - \frac{d\Phi_x}{dl}, \\ -\frac{i}{V}Y &= \frac{d\Phi_l}{dy} - \frac{d\Phi_y}{dl}, \\ -\frac{i}{V}Z &= \frac{d\Phi_l}{dz} - \frac{d\Phi_z}{dl}; \\ \alpha &= \frac{d\Phi_z}{dy} - \frac{d\Phi_y}{dz}, \\ \beta &= \frac{d\Phi_x}{dz} - \frac{d\Phi_z}{dx}, \\ \gamma &= \frac{d\Phi_y}{dx} - \frac{d\Phi_x}{dy}. \end{aligned}\right.$$

On voit que, si l'on pose,

$$\mathbf{M}_{pq} = \frac{d\Phi_q}{dp} - \frac{d\Phi_p}{dq} \qquad (p, q = x, y, z, t),$$

on a 16 éléments dont 4 nuls, 12 égaux deux à deux et de signes contraires

$$\mathbf{M}_{pp} = 0, \qquad \mathbf{M}_{pq} = -\mathbf{M}_{qp}.$$

Les éléments distincts sont au nombre des combinaisons de 4 dimensions deux à deux :

$$C_4^2 = \frac{4.3}{1.2} = 6.$$

M est un vecteur à 2 indices ; il a 6 composantes.

Ainsi, dans l'espace à 3 dimensions, nous avions des vecteurs à 1 indice, ayant 3 composantes ; dans l'univers nous avons des vecteurs à 1 indice, 4 composantes, et des vecteurs à 2 indices, 6 composantes. Nous représenterons ceux-ci par des lettres grasses ; nous n'en aurons d'ailleurs que deux à considérer : le vecteur **M** et son « duel » **M***.

53. Le vecteur champ de Minkowski a pour composantes :

$$\mathbf{M}_{yz} = \alpha, \qquad \mathbf{M}_{zx} = \beta, \qquad \mathbf{M}_{xy} = \gamma,$$

$$\mathbf{M}_{xt} = -\frac{i}{V}X, \qquad \mathbf{M}_{yt} = -\frac{i}{V}Y, \qquad \mathbf{M}_{zt} = -\frac{i}{V}Z.$$

Son duel a pour composantes :

$$\mathbf{M}^*_{xl} = \alpha, \qquad \mathbf{M}^*_{yl} = \beta, \qquad \mathbf{M}^*_{zl} = \gamma,$$

$$\mathbf{M}^*_{yz} = -\frac{i}{V}X, \qquad \mathbf{M}^*_{zx} = -\frac{i}{V}Y, \qquad \mathbf{M}^*_{xy} = -\frac{i}{V}Z.$$

Alors les trois équations (30) et l'équation (33) deviennent (51); de même les trois équations (32) et l'équation (31) deviennent (52) :

$$(51)\quad \begin{cases} \dfrac{d\mathbf{M}_{xx}}{dx} + \dfrac{d\mathbf{M}_{xy}}{dy} + \dfrac{d\mathbf{M}_{xz}}{dz} + \dfrac{d\mathbf{M}_{xl}}{dl} = 4\pi C_x, \\ \dfrac{d\mathbf{M}_{yx}}{dx} + \dfrac{d\mathbf{M}_{yy}}{dy} + \dfrac{d\mathbf{M}_{yz}}{dz} + \dfrac{d\mathbf{M}_{yl}}{dl} = 4\pi C_y, \\ \dfrac{d\mathbf{M}_{zx}}{dx} + \dfrac{d\mathbf{M}_{zy}}{dy} + \dfrac{d\mathbf{M}_{zz}}{dz} + \dfrac{d\mathbf{M}_{zl}}{dl} = 4\pi C_z, \\ \dfrac{d\mathbf{M}_{lx}}{dx} + \dfrac{d\mathbf{M}_{ly}}{dy} + \dfrac{d\mathbf{M}_{lz}}{dz} + \dfrac{d\mathbf{M}_{ll}}{dl} = 4\pi C_l; \end{cases}$$

$$(52)\quad \begin{cases} \dfrac{d\mathbf{M}^*_{xx}}{dx} + \dfrac{d\mathbf{M}^*_{xy}}{dy} + \dfrac{d\mathbf{M}^*_{xz}}{dz} + \dfrac{d\mathbf{M}^*_{xl}}{dl} = 0, \\ \dfrac{d\mathbf{M}^*_{yx}}{dx} + \dfrac{d\mathbf{M}^*_{yy}}{dy} + \dfrac{d\mathbf{M}^*_{yz}}{dz} + \dfrac{d\mathbf{M}^*_{yl}}{dl} = 0, \\ \dfrac{d\mathbf{M}^*_{zx}}{dx} + \dfrac{d\mathbf{M}^*_{zy}}{dy} + \dfrac{d\mathbf{M}^*_{zz}}{dz} + \dfrac{d\mathbf{M}^*_{zl}}{dl} = 0, \\ \dfrac{d\mathbf{M}^*_{lx}}{dx} + \dfrac{d\mathbf{M}^*_{ly}}{dy} + \dfrac{d\mathbf{M}^*_{lz}}{dz} + \dfrac{d\mathbf{M}^*_{ll}}{dl} = 0. \end{cases}$$

Posons maintenant

$$f_x = F_x, \qquad f_y = F_y, \qquad f_z = F_z, \qquad \frac{i}{V}\mathfrak{S} = F_l.$$

Les équations (34) s'écrivent

$$(53)\quad \left\{ \begin{array}{l} C_x \mathbf{M}_{xx} + C_y \mathbf{M}_{xy} + C_z \mathbf{M}_{xz} + C_l \mathbf{M}_{xl} = F_x, \\ C_x \mathbf{M}_{yx} + C_y \mathbf{M}_{yy} + C_z \mathbf{M}_{yz} + C_l \mathbf{M}_{yl} = F_y, \\ C_x \mathbf{M}_{zx} + C_y \mathbf{M}_{zy} + C_z \mathbf{M}_{zz} + C_l \mathbf{M}_{zl} = F_z, \\ C_x \mathbf{M}_{lx} + C_y \mathbf{M}_{ly} + C_z \mathbf{M}_{lz} + C_l \mathbf{M}_{ll} = F_l, \end{array} \right.$$

qui contiennent à la fois l'expression de la force et celle de la puissance.

54. Considérons maintenant le *tenseur électro-magnétique d'univer.*, que nou eprésenterons par la lettre grasse **T**; cela n'a aucun inconvénient ici, car il est le seul à considérer et ne pourra être confondu avec les vecteurs à 2 indices **M** et **M***. **T** a 16 composantes toutes différentes de zéro, en général, et formant un Tableau symétrique :

$$\mathbf{T}_{jk} = \frac{1}{4\pi} \mathrm{p}_{jk} \quad (j, k = x, y, z), \qquad \mathbf{T}_{ll} = -\mathrm{E},$$

$$\mathbf{T}_{jl} = \mathbf{T}_{lj} = \frac{i}{\mathrm{V}} \mathrm{S}_j \qquad (j = x, y, z).$$

Les 9 premières s'expriment par les pressions de Maxwell, T_{ll} est la densité d'énergie changée de signe; les 6 dernières sont les composantes du vecteur radiant multipliées par $\frac{i}{\mathrm{V}}$.

Alors les deux théorèmes obtenus par les traitements vectoriel et scalaire (39) et (38) s'écrivent

$$(54)\quad \left\{\begin{aligned}
\frac{d\mathbf{T}_{xx}}{dx}+\frac{d\mathbf{T}_{xy}}{dy}+\frac{d\mathbf{T}_{xz}}{dz}+\frac{d\mathbf{T}_{xl}}{dl}&=\mathrm{F}_x,\\
\frac{d\mathbf{T}_{yx}}{dx}+\frac{d\mathbf{T}_{yy}}{dy}+\frac{d\mathbf{T}_{yz}}{dz}+\frac{d\mathbf{T}_{yl}}{dl}&=\mathrm{F}_y,\\
\frac{d\mathbf{T}_{zx}}{dx}+\frac{d\mathbf{T}_{zy}}{dy}+\frac{d\mathbf{T}_{zz}}{dz}+\frac{d\mathbf{T}_{zl}}{dl}&=\mathrm{F}_z,\\
\frac{d\mathbf{T}_{lx}}{dx}+\frac{d\mathbf{T}_{ly}}{dy}+\frac{d\mathbf{T}_{lz}}{dz}+\frac{d\mathbf{T}_{ll}}{dl}&=\mathrm{F}_l.
\end{aligned}\right.$$

Appliquons maintenant les notations vectorielles.

Par extension de ce que nous avons vu dans le cas de trois dimensions, nous représenterons par (a, b) le produit intérieur ou scalaire de 2 vecteurs à 1 indice.

Produits vectoriels. — Considérons, par exemple, la première équation (53). Son premier membre est le produit intérieur du vecteur à 1 indice C par les 4 composantes à 1 indice (x, y, z, l) du vecteur à 1 indice $\mathbf{M}_x$. Comme le résultat est un vecteur à 1 indice (4 composantes), nous représenterons cette opération par [CM]; le crochet simple indique que l'on obtient un vecteur à 1 indice. On aura

$$\mathrm{F} = [\mathrm{CM}].$$

La différentiation dans le cas de 3 dimensions étant représentée par ∇, la différentiation dans le cas de 4 dimensions sera représentée par $\diamondsuit$; $\diamondsuit$ est donc un vecteur symbolique à 1 indice (4 composantes); alors $(\Diamond a)$, appliqué à un vecteur a à 1 indice, est le scalaire $\sum \frac{da_x}{dx}$.

Les équations (47) et (48) s'écrivent donc

$$(\Diamond \Phi) = 0, \qquad (\Diamond C) = 0.$$

Formons maintenant le curl à 4 dimensions par l'opération indiquée aux équations (50); nous obtenons ainsi un vecteur à 2 indices; c'est un produit vectoriel à 2 indices; nous le représenterons par le double crochet. Les équations (50) s'écrivent donc

$$\mathbf{M} = [[\Diamond \Phi]].$$

Représentons maintenant l'opération au moyen de laquelle sont formés les premiers membres de (51) par le symbole

$$[\Diamond \mathbf{M}];$$

les équations (29) et (29') s'écrivent

$$[\Diamond \mathbf{M}] = 4\pi C, \qquad [\Diamond \mathbf{M}^{\cdot}] = 0.$$

Quant aux relations (54), elles se représentent simplement par l'équation

$$\mathbf{F} = [\Diamond \mathbf{T}],$$

Il reste à indiquer comment le tenseur d'univers peut s'exprimer au moyen du vecteur-champ. On appelle *produit tenseur* de deux vecteurs **a**, **b** à deux indices et l'on représente par

$$[[\mathbf{ab}]]$$

une opération que nous ne définirons pas en général parce que, dans la présente application, les deux vecteurs sont égaux. L'opération est alors beaucoup plus simple et se définit ainsi :

$$[[\mathbf{aa}]] = \frac{1}{2}\left\{(\mathbf{a}_j\mathbf{a}_k) - (\mathbf{a}_j^*\mathbf{a}_k^*)\right\},$$

où les parenthèses ( ) représentent les produits intérieurs tels que

$$(\mathbf{a}_j\mathbf{a}_k) = \mathbf{a}_{jx}\mathbf{a}_{kx} + \mathbf{a}_{jy}\mathbf{a}_{ky} + \mathbf{a}_{jz}\mathbf{a}_{kz} + \mathbf{a}_{jl}\mathbf{a}_{kl}.$$

Le tenseur obtenu est symétrique. Cela posé, on pourra vérifier la relation

$$\mathbf{T} = [[\mathbf{MM}^*]].$$

En résumé, les équations du champ électromagnétique et l'expression de la force qui s'exerce sur une charge en mouvement dans un champ électromagnétique s'écrivent

$$\text{(XXVI)}\begin{cases} (\Diamond\Phi) = 0, \quad (\Diamond C) = 0, \quad \Box\Phi = -4\pi C; \\ \mathbf{M} = [[\Diamond\Phi]], \quad [\Diamond\mathbf{M}] = 4\pi C, \quad [\Diamond\mathbf{M}^*] = 0; \\ F = [\Diamond\mathbf{T}], \quad \mathbf{T} = [[\mathbf{MM}]]. \end{cases}$$

55. Il nous reste à montrer que les équations du champ conservent la même forme pour les observa-

teurs liés aux systèmes S_1 et S_2. Considérons les équations (31) et (32); dans S_2, on aura pour (31) et pour la première des équations (32) :

$$(31') \qquad \frac{d\alpha_1}{dx_1}+\frac{d\beta_1}{dy_1}-\frac{d\gamma_1}{dz_1}=0,$$

$$(32') \qquad -\frac{dZ_1}{dy_1}+\frac{dY_1}{dz_1}-\frac{d\alpha_1}{dt_1}=0.$$

Reportons-nous aux relations (34). Supposons-nous placés dans S_2; posons :

$$\frac{f_x}{\rho}=\xi, \qquad \frac{f_y}{\rho}=\eta, \qquad \frac{f_z}{\rho}=\zeta;$$

nous aurons

$$\xi=X_2+v_2\gamma_2-w_2\beta_2, \qquad \ldots,$$

u_2, v_2, w_2 étant la vitesse du mobile dans S_2; or il nous faut le champ cinétique dans S_2, c'est-à-dire la force exercée sur un corps immobile dans S_1; ce corps est donc animé dans S_2 de la vitesse

$$u_2=-\lambda V, \qquad v_2=0, \qquad w_2=0;$$

on aura donc

$$\xi=X_2, \qquad \eta=Y_2+\lambda V\gamma_2, \qquad \zeta=Z_2-\lambda V\beta_2.$$

Désignons par X_1, Y_1, Z_1 le champ dans S_1, et tenons compte de la réduction des forces normales dans S_2; nous aurons

$$X_1=\xi, \qquad Y_1=\frac{\eta}{\sqrt{1-\lambda^2}}, \qquad Z_1=\frac{\zeta}{\sqrt{1-\lambda^2}},$$

c'est-à-dire

$$X_1 = X_2, \qquad Y_1 = \frac{1}{\sqrt{1-\lambda^2}}(Y_2 + \lambda V \gamma_2),$$

$$Z_1 = \frac{1}{\sqrt{1-\lambda^2}}(Z_2 - \lambda V \beta_2).$$

De même, en partant des expressions (34′), nous aurons

$$\alpha_1 = \alpha_2, \qquad \beta_1 = \frac{1}{\sqrt{1-\lambda^2}}\left(\beta_2 - \frac{\lambda}{V} Z_2\right),$$

$$\gamma_1 = \frac{1}{\sqrt{1-\lambda^2}}\left(\gamma_2 + \frac{\lambda}{V} Y_2\right).$$

Transformons (31′) et (32′) au moyen des relations (6′); nous obtenons, en supprimant le facteur commun $\frac{1}{\sqrt{1-\lambda^2}}$, deux équations qui peuvent s'écrire

$$(31'') \qquad (\nabla \mathcal{H}_2) + \frac{\lambda}{V}\left(-\frac{dZ_2}{dy_2} + \frac{dY_2}{dz_2} - \frac{d\alpha_2}{dt_2}\right) = 0,$$

$$(32'') \qquad -\frac{dZ_2}{dy_2} + \frac{dY_2}{dz_2} - \frac{d\alpha_2}{dt_2} + \lambda V(\nabla \mathcal{H}_2) = 0,$$

d'où l'on tire les relations

$$(\nabla \mathcal{H}_2) = 0, \qquad -\frac{dZ_2}{dy_2} + \frac{dY_2}{dz_2} - \frac{d\alpha_2}{dt_2} = 0,$$

qui sont bien de la même forme que (31′) et (32′); λ a été éliminé.

Opérons de même sur (33) et sur la première des

équations (30). Dans S_1 on a

$$(\nabla \mathcal{E}_1) = 4\pi V^2 \rho_1, \qquad \frac{d\gamma_1}{dy_1} - \frac{d\beta_1}{dz_1} - \frac{1}{V^2}\frac{dX_1}{dt_1} = 4\pi\rho_1 u_1.$$

Transformons en tenant compte des relations (II) et de la valeur de ρ_1 (§ 21); il vient

$$(\nabla \mathcal{E}_2) + \lambda V\left(\frac{d\gamma_2}{dy_2} - \frac{d\beta_2}{dz_2} - \frac{1}{V^2}\frac{dX_2}{dt_2}\right) - 4\pi V^2 \rho_2 - \lambda V 4\pi\rho_2 u_2 = 0,$$

$$\frac{d\gamma_2}{dy_2} - \frac{d\beta_2}{dz_2} - \frac{1}{V^2}\frac{dX_2}{dt_2} + \frac{\lambda}{V}(\nabla \mathcal{E}_2) - 4\pi\rho_2 u_2 - \lambda V 4\pi\rho_2 = 0.$$

Multiplions la première de ces équations par $-\frac{\lambda}{V}$ et additionnons avec la seconde :

$$\frac{d\gamma_2}{dy_2} - \frac{d\beta_2}{dz_2} - \frac{1}{V^2}\frac{dX_2}{dt_2} - 4\pi\rho_2 u_2 = 0.$$

Multiplions la seconde équation par $-\lambda V$ et additionnons avec la première :

$$(\nabla \mathcal{E}_2) - 4\pi V^2 \rho_2 = 0.$$

Les deux dernières relations ont bien la même forme que celles que nous avions à transformer.

CHAPITRE VIII.

ÉLÉMENTS DE LA DYNAMIQUE DE L'ÉLECTRON.

Nous nous restreindrons à quelques points de la dynamique de l'électron.

56. Self-induction et inertie. — Appliquons une force électromotrice E à un circuit de résistance R et de self-induction L; l'intensité i variera suivant la relation

$$E = Ri + L\frac{di}{dt}.$$

Quand le régime permanent est atteint sensiblement, le second terme du deuxième membre s'annule; i devient constant : la vitesse des électricités dans le fil est constante; cela est analogue au cas d'un liquide se mouvant dans un milieu poreux.

L'équation peut-elle se simplifier par suppression du terme Ri? Cela peut arriver si R est nul; un cas qui s'en rapproche est celui des supraconducteurs. Négligeons ce terme, divisons les deux membres par la longueur du circuit, alors le premier membre devient le vecteur électrique X et, appelant l la self-induction par unité de longueur, on a

$$X = l\frac{di}{dt}.$$

D'après l'hypothèse généralement admise $i = \rho\omega u$, où ω est la section. Soit e la charge qui occupe une longueur s; on aura $e = \rho\omega s$; multiplions les deux membres par e et remarquons que eX est une force que nous représenterons par F; il vient

$$F = l\frac{e^2}{s}\frac{du}{dt}.$$

Cette relation est entièrement semblable à la loi expérimentale fondamentale de la Dynamique, car, en unités C. G. S. E. M., l est un nombre et $\frac{e^2}{s}$ est homogène à une masse.

Il y a parallélisme complet entre la loi de Faraday relative à l'induction dans un circuit fixe et la loi de Galilée-Newton.

Sir J.-J. Thomson fit, en 1881, une remarque dont la grande importance ne fut mise en lumière que beaucoup après.

Dans les idées courantes, si une force F est appliquée à un corps de masse m chargé, il prendra une accélération j avec la relation $F = mj$. Mais Thomson sut voir que, du fait que ce corps est chargé, il doit, par suite de la self-induction, résister à l'accélération plus que s'il était neutre.

On peut calculer aisément ce surcroît de résistance dû au champ d'accélération.

57. Considérons d'abord une charge ponctuelle e passant en M. On sait qu'en un point dont les coordonnées polaires sont r et α, rapportées à un axe

Fig. 13.

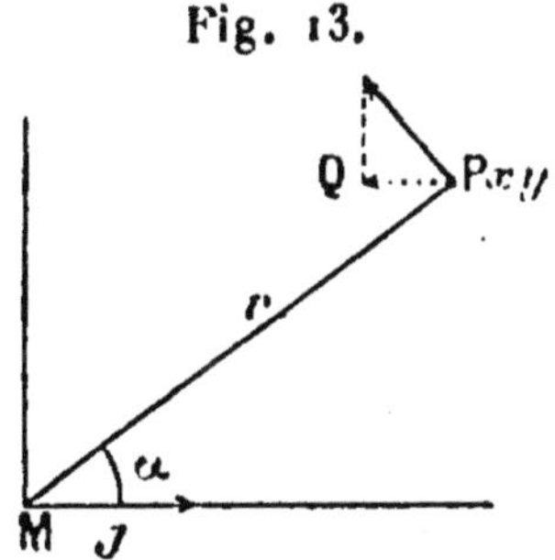

passant par l'accélération, le champ électrique d'accélération a pour valeur $\frac{ej \sin\alpha}{r}$ et est dirigé perpendiculairement au rayon vecteur. Cette valeur n'est atteinte qu'au bout du temps $\frac{r}{V}$; enfin, cela n'est exact que si la vitesse est faible; la composante parallèle à l'accélération sera donc

$$-ej\frac{\sin^2\alpha}{r}.$$

Cela posé, fixons nos idées sur un cas bien défini. Considérons une charge e répartie en volume et uniformément sous la densité ρ à l'intérieur d'une sphère de rayon a, on aura

$$e = \frac{4}{3}\pi\rho a^3.$$

Considérons deux éléments de volume $d\tau$ et $d\tau'$,

$$d\tau = dx\,dy\,dz, \qquad d\tau' = dx'\,dy'\,dz';$$

calculons le champ d'accélération de $d\tau$ sur $d\tau'$; ce sera, par application de l'expression précédente et en ce qui concerne la seule composante parallèle à l'accélération,

$$\rho\,d\tau\,\rho\,d\tau'\,j\,\frac{(z'-z)^2+(y'-y)^2}{[(x'-x)^2+(y'-y)^2+(z'-z)^2]^{\frac{3}{2}}}.$$

Supposons maintenant le rayon a assez petit pour que les actions exercées par tous les éléments sur l'un d'entre eux se fassent sentir sensiblement au même instant. En intégrant, nous aurons la force totale exercée par toute la sphère sur elle-même; elle est parallèle à OX, dirigée en sens contraire de l'accélération et égale à

$$-\frac{4}{5}\frac{e^2}{a}j.$$

Il y a donc une masse électromagnétique égale à $\frac{4}{5}\frac{e^2}{a}$ dans le cas considéré; si, au lieu d'une charge e en volume, on avait la même charge à la surface de la même sphère, il faudrait multiplier par $\frac{5}{6}$, ce qui donne

$$\text{Masse électromagnétique au repos} = \frac{2}{3}\frac{e^2}{a}.$$

58. Quand Lorentz eut montré, d'après les lois de l'Électrodynamique et le principe de relativité, que la masse électromagnétique dépend de la vitesse et que les expériences sur les rayons cathodiques eurent vérifié cette loi de variation, on fit le raisonnement suivant : puisque la masse du corpuscule varie avec la vitesse comme l'indique la théorie, c'est que sa masse est entièrement électromagnétique; il n'a *donc* pas de masse matérielle, en sous-entendant que cette dernière est invariable. Le corpuscule est par suite formé d'électricité pure. Mais au point où nous en sommes dans notre étude, cette conclusion n'est pas valable puisque nous avons vu que toutes les masses d'inertie, sans rien préjuger de leur origine, doivent varier de la même manière.

59. Une conséquence importante et inattendue pouvait se déduire des résultats de J.-J. Thomson; l'énergie électrostatique de la sphère chargée en surface est

$$E = \frac{1}{2}V^2\frac{e^2}{a},$$

sa masse électromagnétique est $\frac{2}{3}\frac{e^2}{a}$; elle est donc égale à

$$\frac{4}{3}\frac{E}{V^2}.$$

Alors dans l'hypothèse où la matière serait uniquement constituée par les deux électricités et où toute énergie serait électromagnétique, il résulte que la masse varie avec l'énergie; la masse qui ne peut servir de mesure à la matière doit être la mesure de l'énergie.

Mais personne ne fit cette remarque, et c'est plus tard que M. Einstein arriva, par une autre voie, à une relation de même nature ([1]).

60. Considérons un électron de rayon a au repos et de charge e répartie par exemple en surface; supposons-le en mouvement uniforme de vitesse λV parallèlement à OX. Son champ électrique total peut s'obtenir au moyen des potentiels scalaire et vecteur, ou plus simplement en prenant les expressions (22) du champ cinétique. Désignons par x l'excès de l'abscisse d'un point du champ sur l'abscisse du centre de l'électron; les formules (22) donnent, en faisant $K = +1$,

$$X = V^2 e \frac{x(1-\lambda^2)}{s^3}, \qquad Y = V^2 e \frac{y(1-\lambda^2)}{s^3},$$

$$Z = V^2 e \frac{z(1-\lambda^2)}{s^3},$$

$$s^2 = x^2 + (y^2 + z^2)(1-\lambda^2).$$

Le champ magnétique a pour composantes

$$\alpha = 0, \qquad \beta = -\frac{\lambda V e z(1-\lambda^2)}{s^3}, \qquad \gamma = \frac{\lambda V e y(1-\lambda^2)}{s^3}.$$

([1]) *Voir* Chapitre IX.

Les champs sont nuls à l'intérieur de l'électron. La densité d'énergie au point x, y, z de l'espace est

$$\frac{1}{8\pi}\left(\frac{\mathcal{E}^2}{V^2} + \mathcal{H}^2\right).$$

L'énergie électrique a pour valeur

$$E_e = \frac{1}{8\pi V^2}\int_a^\infty \mathcal{E}^2\, d\tau.$$

En remplaçant $\mathcal{E}^2$ par $X^2 + Y^2 + Z^2$ et intégrant, on obtient

$$E_e = \frac{V^2 e^2}{6a}\,\frac{3 - \lambda^2}{\sqrt{1 - \lambda^2}}.$$

L'énergie magnétique se calcule de même manière et a pour valeur

$$E_m = \frac{1}{3}\,\frac{\lambda^2 V^2 e^2}{\sqrt{1 - \lambda^2}\, a}.$$

L'énergie électromagnétique est donc

$$E = E_e + E_m = \frac{V^2 e^2}{6a}\,\frac{3 + \lambda^2}{\sqrt{1 - \lambda^2}}.$$

Accroissement d'énergie. — Quand l'électron était au repos, son énergie magnétique était nulle; son énergie électrique avait pour valeur $E_0 = E_e$ pour $\lambda = 0$. De sorte que, par suite du passage de l'état de repos à l'état de vitesse uniforme λV, l'accroissement d'energie est

$$E - E_0 = \frac{V^2 e^2}{6a}\left(\frac{3 + \lambda^2}{\sqrt{1 - \lambda^2}} - 3\right).$$

Or nous avons vu que la masse au repos est $\frac{2}{3}\frac{e^2}{a}$ et, par suite, nous aurons pour masse cinétique

$$m_c = \frac{4}{3}\frac{e^2}{a}\frac{1}{\lambda^2}\left(\frac{1}{\sqrt{1-\lambda^2}} - 1\right).$$

L'énergie cinétique sera donc

$$E_c = \frac{2}{3}\frac{e^2}{a}V^2\left(\frac{1}{\sqrt{1-\lambda^2}} - 1\right);$$

or cela n'est pas égal à l'accroissement d'énergie que nous venons de calculer; cet accroissement est plus grand et le rapport des deux quantités est (pour $\lambda = 0$) $\frac{5}{4}$.

Il y a donc désaccord. Nous allons chercher à le faire disparaître. Cela dépend de ce que l'on choisit pour expression de l'énergie cinétique.

Reprenons le calcul de la masse d'inertie en tenant compte de la vitesse et en considérant la masse longitudinale. Nous supposerons d'abord l'électron chargé uniformément en volume. Soit a le rayon au repos.

La force exercée par un élément $d\tau'$ sur l'élément $d\tau$ est, pour ce qui concerne l'accélération seulement,

$$-\rho^2\, d\tau\, d\tau' j \frac{(\eta - y)^2 + (\zeta - z)^2}{\left\{(\xi - x)^2 + [(\eta - y)^2 + (\zeta - z)^2](1-\lambda^2)\right\}^{\frac{3}{2}}}.$$

Transformons :

$$\rho = \frac{\rho_2}{\sqrt{1-\lambda^2}}, \qquad d\tau = d\tau_2 \sqrt{1-\lambda^2}, \qquad d\tau' = d\tau'_2 \sqrt{1-\lambda^2},$$
$$(\xi - x) = (\xi - x)_2 \sqrt{1-\lambda^2}.$$

La force d'inertie totale sera

$$-\frac{j}{(1-\lambda^2)^{\frac{3}{2}}} \times \int\int \rho_2^2 \, d\tau_2 \, d\tau'_2 \frac{(\eta - y)_2^2 + (\zeta - z)_2^2}{[(\xi - x)_2^2 + (\eta - y)_2^2 + (\zeta - z)_2^2]^{\frac{3}{2}}}.$$

Cette intégrale est égale aux $\frac{2}{3}$ de

$$\int\int \rho_2^2 \, d\tau_2 \, d\tau'_2 \frac{1}{\sqrt{(\xi - x)_2^2 + (\eta - y)_2^2 + (\zeta - z)_2^2}},$$

c'est-à-dire aux $\frac{4}{3}$ de l'énergie potentielle d'une sphère chargée uniformément dont la valeur est $\frac{3}{5}\frac{e^2}{a}$ (e, charge ; a, rayon). On a donc pour force d'inertie

$$\frac{4}{5}\frac{e^2}{a}(1-\lambda^2)^{-\frac{3}{2}} j.$$

Pour une même charge superficielle, il faut multiplier par $\frac{5}{6}$. On a donc :

$$\left.\begin{array}{c}\text{Masse longitudinale} \\ \text{d'une charge superficielle sphérique}\end{array}\right\} = \frac{2}{3}\frac{e^2}{a}(1-\lambda^2)^{-\frac{3}{2}}.$$

Nous voyons ainsi que la masse longitudinale est

bien dans la relation voulue avec la masse au repos. Ce calcul n'est évidemment qu'une simple vérification.

Nous allons maintenant calculer le travail. Il nous faut la force totale (due à l'existence de la charge et à l'accélération) exercée par tout l'électron sur un de ses éléments $d\tau$. Ce sera pour la composante suivant OX :

$$X = \rho^2 \, d\tau \int \frac{V^2(1-\lambda^2)(x-\xi) - j[(\eta - y)^2 + (\zeta - z)^2]}{\{(\xi - x)^2 + (1-\lambda^2)[(\eta - y)^2 + (\zeta - z)^2]\}^{\frac{3}{2}}} \, d\tau'.$$

Nous décomposerons la vitesse en deux parties : la vitesse du centre et la vitesse relative de chaque élément $d\tau'$. Quand il s'agit de la puissance correspondant à la première, tous les éléments ont la même vitesse $v = \lambda V$; la puissance, produit de la force par la vitesse, sera

$$-\frac{4}{5} \frac{e^2}{a} V^2 \frac{\lambda}{(1-\lambda^2)^{\frac{3}{2}}} \frac{d\lambda}{dt},$$

que nous intégrons de o à λ. Déterminons la constante pour que l'intégrale soit nulle pour $\lambda = 0$. L'intégrale est alors

$$-\frac{4}{5} V^2 \frac{e^2}{a} \left(\frac{1}{\sqrt{1-\lambda^2}} - 1 \right).$$

Nous trouvons bien l'énergie cinétique du point. On aura $\frac{2}{3}$ au lieu de $\frac{4}{5}$ pour la charge en surface.

Seconde partie de la puissance. — La distance de l'élément au plan équatorial, qui est ξ_2 au repos, est devenue $\xi_2\sqrt{1-\lambda^2}$. S'il y a accélération, λ varie; l'élément se rapproche du plan équatorial avec la vitesse

$$\xi_2 \frac{d\sqrt{1-\lambda^2}}{dt} = -\xi_2 \frac{\lambda}{\sqrt{1-\lambda^2}} \frac{j}{V}.$$

La puissance est, par suite,

$$\rho_2\, d\tau_2 \frac{e}{a^3}\left[V^2\xi - \frac{2}{3} j(1-\lambda^2)^{-\frac{3}{2}} r_2^2\right]\left[-\xi_2 \frac{\lambda}{\sqrt{1-\lambda^2}} \frac{j}{V}\right].$$

Il faut intégrer pour toute la sphère, ce qui donne

$$-\frac{1}{5} \frac{e^2}{a} \frac{\lambda V j}{\sqrt{1-\lambda^2}}.$$

Cela est la dérivée de

$$\frac{V^2}{5} \frac{e^2}{a}(\sqrt{1-\lambda^2} + \text{const.}) \qquad (\text{const.} = -1).$$

Pour l'électron chargé en surface, on aura

$$\frac{V^2}{6} \frac{e^2}{a}(\sqrt{1-\lambda^2} - 1).$$

On a donc les valeurs suivantes :

Accroissement d'énergie électrique : $V^2\frac{e^2}{a}\frac{1}{6}\left[\frac{3-\lambda^2}{\sqrt{1-\lambda^2}}-3\right]$	Énergie de contraction : $V^2\frac{e^2}{a}\frac{1}{6}(1-\sqrt{1-\lambda^2})$
Énergie magnétique : $V^2\frac{e^2}{a}\frac{1}{6}\frac{2\lambda^2}{\sqrt{1-\lambda^2}}$	Énergie de translation : $V^2\frac{e^2}{a}\frac{1}{6}\left[\frac{4}{\sqrt{1-\lambda^2}}-4\right]$
Totaux : $V^2\frac{e^2}{a}\frac{1}{6}\left[\frac{3+\lambda^2}{\sqrt{1-\lambda^2}}-3\right] = V^2\frac{e^2}{a}\frac{1}{6}\left[\frac{3+\lambda^2}{\sqrt{1-\lambda^2}}-3\right]$	

L'énergie cinétique est égale à l'accroissement d'énergie électromagnétique diminué de l'énergie de contraction.

La fonction de Lagrange est l'excès de l'énergie électrique sur l'énergie magnétique; en passant du repos au mouvement, on a

$$L_2 = V^2\frac{e^2}{a}\frac{3}{6},$$

$$L_1 = E_e - E_m = V^2\frac{e^2}{a}\frac{1}{6}\left[\frac{3-\lambda^2}{\sqrt{1-\lambda^2}} - \frac{2\lambda^2}{\sqrt{1-\lambda^2}}\right],$$

$$L_1 = V^2\frac{e^2}{a}\frac{1}{6}3\sqrt{1-\lambda^2}, \qquad L_1 = L_2\sqrt{1-\lambda^2}.$$

Quant à l'énergie de contraction elle est proportionnelle à l'action hamiltonienne par unité de temps, relative au travail d'ensemble. En ce qui concerne les différentes masses, et en appelant m la masse au repos, égale à $\frac{2}{3}\frac{e^2}{a}$ dans le cas de la charge superficielle, on a les valeurs suivantes des différents coefficients :

	$\lambda = 0.$	$0 < \lambda < 1.$	$\lambda = 1.$
Masse d'inertie transversale.... Masse maupertuisienne........	m	$m(1-\lambda^2)^{-\frac{1}{2}}$	∞
Masse d'inertie longitudinale ..	m	$m(1-\lambda^2)^{-\frac{3}{2}}$	∞
Masse cinétique	m	$m\lambda^{-2}\left[(1-\lambda^2)^{-\frac{1}{2}}\right]$	∞
Masse hamiltonienne	m	$m\lambda^{-2}\left[1-(1-\lambda^2)^{\frac{1}{2}}\right]$	0

61. L'électron charge élémentaire. — Nous avons vu que, jusqu'ici, il n'était pas prouvé que l'électron fût formé d'électricité pure. Le fait que le rapport $\frac{e}{m}$ est constant d'après de nombreuses expériences veut dire que, si des charges *différentes* sont réparties sur des conducteurs sphériques de diamètres différents, *toutes sont au même potentiel* (¹). Voilà ce qu'on peut dire si l'on écarte toute hypothèse et en restant dans le domaine expérimental primitif. Mais les expériences de Townsend (²), de

(¹) Cette égalisation des potentiels résulterait tout naturellement des chocs des petits conducteurs entre eux.

(²) J.-S. TOWNSEND, *Sur les propriétés électriques des gaz* (*Ions, Électrons, Corpuscules*, fasc. 2, p. 904).

C.-T.-R. Wilson (1) et des expériences postérieures ont permis de déterminer la charge des noyaux de condensation dans la formation du brouillard et l'on obtient une valeur égale au quotient de la charge d'un ion-gramme électrolytique monovalent par le nombre d'Avogadro. Bien que des voix dissidentes se soient fait entendre, c'est là une coïncidence extraordinaire, qui donne un grand poids à l'hypothèse que les électrons sont tous semblables ayant même charge et même rayon. Ont-ils, en outre, une « masse matérielle » qui serait aussi la même pour tous, bien entendu quand ils ont la même vitesse? L'hypothèse généralement admise et très séduisante est qu'ils en sont dénués et nous verrons bientôt qu'il existe une certaine probabilité pour qu'il en soit ainsi.

---

(1) C.-T.-R. Wilson, *Sur les noyaux de condensation produits dans les gaz* (*Ions, Électrons, Corpuscules,* fasc. 2, p. 1076).

CHAPITRE IX.

FORCES ATTRACTIVES. GRAVITATION. INERTIE DE L'ÉNERGIE.

62. Pour les raisons exposées dans l'Introduction, nous ne dirons que quelques mots au sujet de la gravitation.

L'expérience, l'observation et la théorie ont conduit à admettre que les corps matériels s'attirent et à connaître l'intensité de la force quand la distance varie. Revenons un peu en arrière. Considérons deux corps formés d'une même espèce chimique simple, de l'argent pur par exemple. Pour certains physiciens, les « fluides électriques » n'existaient pas. Les phénomènes électriques apparaissaient comme une complication; les corps étaient habituellement à l'état neutre et en outre de leurs propriétés, variables d'une espèce à l'autre, ils possédaient une propriété commune, l'attraction newtonienne, qui était considérée comme essentielle. On se trouve donc là en présence de forces centrales *attractives*.

Toutes les considérations qui font l'objet des

Chapitres I et VI sont applicables; pour le cas actuel, nous n'avons qu'à nous adresser aux formules générales (XXIV) et (XXV). La comparaison avec l'expérience nous a montré que, pour $K = +1$, ces relations pouvaient être étendues. Nous pourrions chercher quelles seraient les conséquences d'une telle extension pour le cas $K = -1$.

Nous arriverions à plusieurs résultats faciles à obtenir. Mais je vais montrer qu'il ne peut exister une substance *simple* dont tous les éléments s'attireraient, comme toutes les parties d'un électron se repoussent.

Il suffit de reprendre, en faisant $K = -1$, le calcul de la masse au repos (§ 57). On trouve immédiatement la même valeur, CHANGÉE DE SIGNE, pour la résistance opposée par un corps à une accélération. Cette résistance est négative; c'est-à-dire que, du fait que la vitesse d'un corps croît, elle tend à croître encore davantage.

Autrement dit, les mots de *force*, de *masse d'inertie* n'ont plus aucun sens dans le cas actuel. S'il existait une substance simple dont tous les éléments s'attireraient, les corps qui en seraient formés n'obéiraient pas aux principes posés.

C'est donc une conséquence des principes posés que K *soit égal à* $+1$.

On peut ainsi conclure qu'en introduisant le principe *a* dans la Dynamique générale, on en rejette le principe de réaction sous sa forme ancienne, le principe d'indépendance des effets des forces; qu'en outre les forces centrales entre corps en repos varient en raison inverse du carré de la distance et que les forces entre corps *simples* identiques sont répulsives. La Dynamique ainsi modifiée conduit à l'Électrodynamique avec laquelle elle se confond.

Comment alors peut-on rendre compte de l'attraction newtonienne et de la loi de l'inertie de Galilée-Newton dans le cas des corps neutres ?

Admettons que la matière est composée des deux électricités, que les répulsions entre électricités de même signe sont égales aux attractions entre électricités de signes contraires et que ces électricités élémentaires sont empêchées de se fusionner grâce à des forces de réaction inconnues; alors la masse des corps neutres est de nature électromagnétique et l'on en rend bien compte; mais on ne peut expliquer l'attraction newtonienne.

Admettons, au contraire, comme on l'avait proposé quelque temps, qu'il y a une légère prédominance de l'attraction sur la répulsion; on explique ainsi l'attraction résultante, mais on ne peut plus s'expliquer la loi de Galilée-Newton, car on retombe sous l'objection du paragraphe 62, à moins qu'on ne refuse, comme on en a le droit à la rigueur, d'appliquer au cas de l'attraction l'extension justifiée *a posteriori* lorsque K est positif.

On voit que les difficultés naissent dès que l'on considère des mouvements relatifs non uniformes des deux systèmes de référence.

Pour éviter ces difficultés, renoncera-t-on à l'unité? Admettra-t-on que la Dynamique générale contient au moins deux parties distinctes? Dans l'une il s'agit des forces répulsives entre corps identiques; le principe *a*, dont l'énoncé implique la relativité, sera valable. Dans l'autre, relative à la gravitation, on admettra que la propagation est instantanée; la transformation de Galilée sera applicable; il y aura relativité pour les phénomènes qui dépendent exclusivement de la gravitation, car on passe de la transformation de Lorentz à celle de Galilée en faisant $\lambda = 0$. Mais le principe de relativité sera violé dans les phénomènes où interviennent à la fois la gravitation et la propagation de la lumière, comme c'est le cas pour les observations astronomiques.

Dans les deux dynamiques d'ailleurs, la loi de Galilée-Newton sera la même, du moins au début du mouvement.

Les travaux récents, dont nous donnons plus loin une liste, et ceux à venir permettront, sans doute, de vaincre les difficultés suscitées par la gravitation et la considération des mouvements non uniformes.

Nous nous bornerons ici à exposer brièvement les résultats dus à des vues déjà anciennes d'Einstein.

63. Inertie de l'énergie. — En 1905, Einstein [1]

---

[1] A. EINSTEIN, *Ann. der Phys.*, t. XVIII, 1905, p. 639.

a déduit du principe de relativité une conséquence importante au sujet d'une relation entre l'énergie interne d'un corps et sa masse (au repos).

Revenons aux deux systèmes d'axes déjà considérés. Supposons que, dans l'un d'eux, il y ait émission d'ondes planes *pendant un temps limité*, de telle sorte que l'énergie rayonnée soit l; dans le second système, dont le mouvement par rapport au premier est λV dans la direction OX, l'énergie mesurée est

$$l' = l \frac{1 - \lambda \cos\varphi}{\sqrt{1 - \lambda^2}};$$

φ est l'angle de la direction de la radiation avec OX, mesuré dans le premier système. Soient E_1 l'énergie avant rayonnement mesurée dans le premier système, E_2 l'énergie après rayonnement mesurée dans le même système; H_1, H_2 les mesures analogues dans le second. Si le corps rayonne de part et d'autre une quantité d'énergie $\frac{L}{2}$, on aura

$$E_1 - E_2 = \frac{L}{2} + \frac{L}{2},$$

$$H_1 - H_2 = \frac{L}{2} \frac{1 - \lambda \cos\varphi}{\sqrt{1 - \lambda^2}} + \frac{L}{2} \frac{1 + \lambda \cos\varphi}{\sqrt{1 - \lambda^2}} = \frac{L}{\sqrt{1 - \lambda^2}}.$$

Par suite,

$$(H_1 - E_1) - (H_2 - E_2) = L\left[\frac{1}{\sqrt{1 - \lambda^2}} - 1\right].$$

Les différences de la forme $H - E$ ne diffèrent de l'énergie cinétique C du corps que par une constante additive K qui dépend du choix des constantes arbitraires des énergies H et E. On peut donc poser

$$H_1 - E_1 = C_1 + K, \qquad H_2 - E_2 = C_2 + K,$$

où K ne change pas pendant l'émission d'énergie. On a donc

$$C_1 - C_2 = L\left(\frac{1}{\sqrt{1-\lambda^2}} - 1\right).$$

En négligeant les quantités du quatrième ordre et d'ordres plus élevés, il vient

$$C_1 - C_2 = \frac{L}{V^2}\frac{v^2}{2}.$$

Si donc un corps rayonne une quantité d'énergie L, sa masse diminue de $\frac{L}{V^2}$; mais cela doit être indépendant de la manière dont le corps cède son énergie; *la masse d'un corps est donc la mesure de son contenu d'énergie.*

En outre, on voit que le rayonnement transporte l'inertie des corps qui émettent aux corps qui absorbent.

Rapprochons maintenant ce résultat de celui du paragraphe 59. Ici la masse au repos est égale à l'énergie divisée par V^2; nous avions trouvé qu'elle était égale aux $\frac{4}{3}$ de l'énergie électrostatique; il faut donc conclure qu'il y a dans l'énergie d'un électron une partie supplémentaire égale au tiers de l'énergie électrostatique. Quelle est cette énergie supplémentaire ?

64. Pression de Poincaré. — Admettons que l'électron est une charge superficielle sphérique pure dont toutes les parties obéissent à la répulsion électrostatique. Soient dS un élément de surface, σ la densité superficielle : $e = 4\pi a^2 \sigma$. La force sur un élément dS est

$$\frac{1}{2} V^2 \frac{e}{a^2} \sigma \, dS,$$

et la pression est

$$p = \frac{V^2 e^2}{8\pi a^4}.$$

Admettons qu'il existe en dehors des électrons et dans tout l'espace une pression ayant cette valeur. L'énergie due à la présence de l'électron dans ce milieu est le produit du volume par la pression, ce qui fait

$$\frac{V^2 e^2}{8\pi a^4} \times \frac{4}{3} \pi a^3 = \frac{V^2 e^2}{2a} \times \frac{1}{3}.$$

C'est bien le tiers de l'énergie électrostatique.

Cette pression normale uniforme équilibre la répulsion électrostatique au repos ; elle explique très bien la forme d'équilibre ellipsoïdale prise par l'électron en mouvement, la pression électrique diminue aux pôles ; il n'y a pas variation du diamètre équatorial parce que la force électrodynamique résultant du mouvement de l'électron dans son propre champ magnétique contre-balance l'accroissement de la pression électrique.

On voit combien ces résultats sont satisfaisants et pour quelle faible part l'hypothèse y intervient.

Si l'on ne veut pas faire appel à cette hypothèse, on n'explique plus la forme sphérique de l'électron au repos. Mais celle-ci étant admise, on peut comprendre que, lors du mouvement, la forme d'équilibre est l'ellipsoïde. En effet si l'électron au repos est sphérique, c'est que les forces (électrostatiques) normales à la surface passent par le centre. Lors du mouvement, elles doivent être normales à la surface transformée d'après le principe des travaux virtuels. Le problème est un cas particulier auquel s'applique immédiatement la transformation des dimensions et des forces résultant des principes posés. L'analogie avec l'expérience de Trouton et Noble (§ 38) est complète.

65. Puisque la masse au repos est le quotient de l'énergie interne par V^2 et puisque la loi d'attraction newtonienne est exacte, on est conduit, d'après Einstein, à envisager la loi de Newton comme exprimant, en réalité, *l'attraction de l'énergie par l'énergie;* le poids serait proportionnel à l'énergie. Supposons qu'il n'en soit pas ainsi; il en résulterait qu'un même corps avant ou après rayonnement aurait même poids et des masses différentes; alors l'accélération due à la pesanteur

varierait. M. Eotvös (¹) a fait des expériences pour examiner ce point; il a constaté que la direction de la verticale est la même pour tous les corps, ce qui exige que le poids soit proportionnel à l'inertie.

L'énergie est donc à la fois inerte et pesante; un même corps pèse, s'il est chaud, plus que s'il était froid.

Les composés qui se forment en dégageant de la chaleur sont plus légers que les éléments constituants.

Par suite de la transformation des corps radioactifs, les produits ultimes, hélium et plomb, de l'évolution de l'uranium doivent avoir une inertie totale inférieure de plus d'un dix-millième à celle de l'uranium primitif (²).

66. M. Langevin voit une preuve expérimentale de la pesanteur de l'énergie interne dans les écarts à la loi de Prout; les poids atomiques, bien que sensiblement multiples d'une même quantité, présentent certaines irrégularités; les écarts proviendraient de ce que la formation des atomes à partir d'éléments primordiaux, par désintégration comme on le voit en radioactivité, ou par un processus inverse non encore observé qui donnerait naissance aux atomes lourds, s'accompagnerait de variations

---

(¹) B. Eotvös, *Math. und naturw.* (*Ber. aus Ungarn*, t. VIII, 1890).

(²) P. Langevin, *Journal de Physique*, juillet 1913, p. 584.

d'énergie interne par émission ou absorption de rayonnement.

67. Pesanteur de la lumière. — Jusqu'ici, il s'agit de pesanteur de l'énergie unie à la matière; en serait-il de même de l'énergie rayonnante? C'est ce qu'a pensé Einstein; d'après lui, un rayon lumineux doit être dévié au passage près d'un astre; pour un rayon passant près du Soleil, la courbure doit atteindre $0'',84$, ce qui n'est pas inaccessible à l'expérience [1].

L'énergie pure est-elle quelque chose dont tous les éléments s'attirent? Ce que nous avons vu au paragraphe 62 ne s'y oppose pas nécessairement. Elle suit des lois tout autres que le complexe appelé *matière*, puisque l'énergie rayonnante *atteint tout de suite la vitesse* V *et la conservé*. On voit que dans ce cas le mot *accélération* n'a plus de sens.

Pour la théorie de la gravitation et l'extension de la théorie de la relativité, on pourra consulter les Mémoires suivants :

A. Einstein, *Au sujet de l'influence des forces de gravitation sur la vitesse de la lumière* (*Ann. der Phys.*, t. 35, 1911, p. 898; t. 38, 1912, p. 356).

E. Nordström, *Principe de relativité et gravitation* (*Physikalische Zeitschrift*, t. 13, 1912, p. 1126); *Masse d'inertie et masse pesante* (*Ann.*

---

[1] A. Einstein, *Archives de Genève*, n° 1, 1914, p. 6.

der Phys., t. 40, 1913, p. 856); *Sur la théorie de la gravitation du point de vue de la théorie de la relativité* (*Ann. der Phys.*, t. 42, 1913, p. 533); *Loi de la chute et mouvement des planètes dans la théorie de la relativité* (*Ann. der Phys.*, t. 43, 1914, p. 1101); *Sur la possibilité d'unifier le champ électromagnétique et le champ de gravitation* (*Phys. Zeitschr.*, t. 15, 1914, p. 604); *Sur la loi de l'énergie dans la théorie de la gravitation* (*Phys. Zeitschr.*, t. 15, 1914, p. 375).

G. Mie, *Sur la théorie de la gravitation* (*Phys. Zeitschr.*, t. 15, 1914, p. 115 et 169; *Ann. der Phys.*, t. 40, 1913, p. 25).

Einstein et Fokker, *La théorie de la gravitation de Nordström du point de vue du calcul différentiel absolu* (*Ann. der Phys.*, t. 44, 1914, p. 321).

Behacker, *La chute libre et le mouvement planétaire dans la théorie de Nordström* (*Phys. Zeitschr.*, t. 15, 1913, p. 989).

Ishiwara, *Sur le principe de moindre action dans l'électrodynamique des corps pesants* (*Ann. der Phys.*, t. 42, 1913, p. 986); *Fondements d'une théorie électromagnétique relativistique de la gravitation* (*Phys. Zeitschr.*, t. 15, 1914, p. 294 et 506).

F. Kottler, *Principe de relativité et mouvement accéléré* (*Ann. der Phys.*, t. 44, 1914, p. 701).

Einstein et Grossmann, *Esquisse d'une théorie*

de la relativité généralisée et d'une théorie de la gravitation (*Zeitschr. für Math. u. Phys.*, t. 62, 1913, p. 6).

EINSTEIN, *Bases physiques d'une théorie de la gravitation* (*Archives de Genève*, t. 37, 1914, p. 1); *Principes de la théorie généralisée* (*Phys. Zeitschr.*, t. 15, 1914, p. 176).

GROSSMANN, *Définitions, méthodes et problèmes relatifs à la théorie de la gravitation* (*Arch. de Genève*, t. 37, 1914, p. 13).

REISSNER, *Sur la relativité des accélérations en mécanique* (*Phys. Zeitschr.*, t. 15, 1914, p. 371).

Pour la théorie originelle de la relativité, nous renvoyons à la bibliographie très complète donnée dans la traduction française du *Traité de Physique* de Chwolson, Paris, Hermann.

Voir aussi D. BERTHELOT, *Sur la représentation mécanique des phénomènes électriques et magnétiques et la théorie de la relativité* (*Revue électrique*, t. XXV, n° 296, 21 avril 1916).

NOTE.

SUR L'ÉQUATION $\square = 0$.

Au paragraphe 46, nous avons rencontré des fonctions qui, tout en satisfaisant à l'équation $\square_V = 0$, se propagent dans une direction donnée avec une vitesse *arbitraire* $\lambda V\,(0 < \lambda < 1)$.

On peut obtenir une intégrale assez étendue de l'équation $\square_V = 0$ en prenant, non des fonctions arbitraires, mais une fonction harmonique des trois coordonnées x, y, z et en y faisant la substitution

$$x = \frac{x_1 - \lambda V t_1}{\sqrt{1-\lambda^2}}, \qquad y = y_1, \qquad z = z_1$$

(ou la substitution plus générale du paragraphe 17). Soit φ une fonction harmonique, après substitution on a

$$\varphi\left(\frac{x_1 - \lambda V t_1}{\sqrt{1-\lambda^2}}, y_1, z_1\right).$$

Différentions deux fois

$$\frac{dx_1}{d\varphi} = \frac{1}{\sqrt{1-\lambda^2}}\frac{d\varphi}{dx}, \qquad \frac{d\varphi}{dt_1} = \frac{\lambda V}{\sqrt{1-\lambda^2}}\frac{d\varphi}{dx},$$

$$\frac{d^2\varphi}{dx_1^2} = \frac{1}{1-\lambda^2}\frac{d^2\varphi}{dx^2}, \qquad \frac{d^2\varphi}{dt_1^2} = \frac{\lambda^2 V^2}{1-\lambda^2}\frac{d^2\varphi}{dx^2},$$

$$\frac{d\varphi}{dy_1} = \frac{d\varphi}{dy}, \qquad \frac{d\varphi}{dz_1} = \frac{d\varphi}{dz},$$

$$\frac{d^2\varphi}{dy_1^2} = \frac{d^2\varphi}{dy^2}, \qquad \frac{d^2\varphi}{dz_1^2} = \frac{d^2\varphi}{dz^2},$$

d'où

$$\square_1 \varphi = \frac{1}{1-\lambda^2}\frac{d^2\varphi}{dx^2} + \frac{d^2\varphi}{dy^2} + \frac{d^2\varphi}{dz^2} - \frac{\lambda^2}{1-\lambda^2}\frac{d^2\varphi}{dx^2} = \Delta\varphi = 0.$$

FIN.

TABLE DES MATIÈRES.

FIN DE LA TABLE DES MATIÈRES.

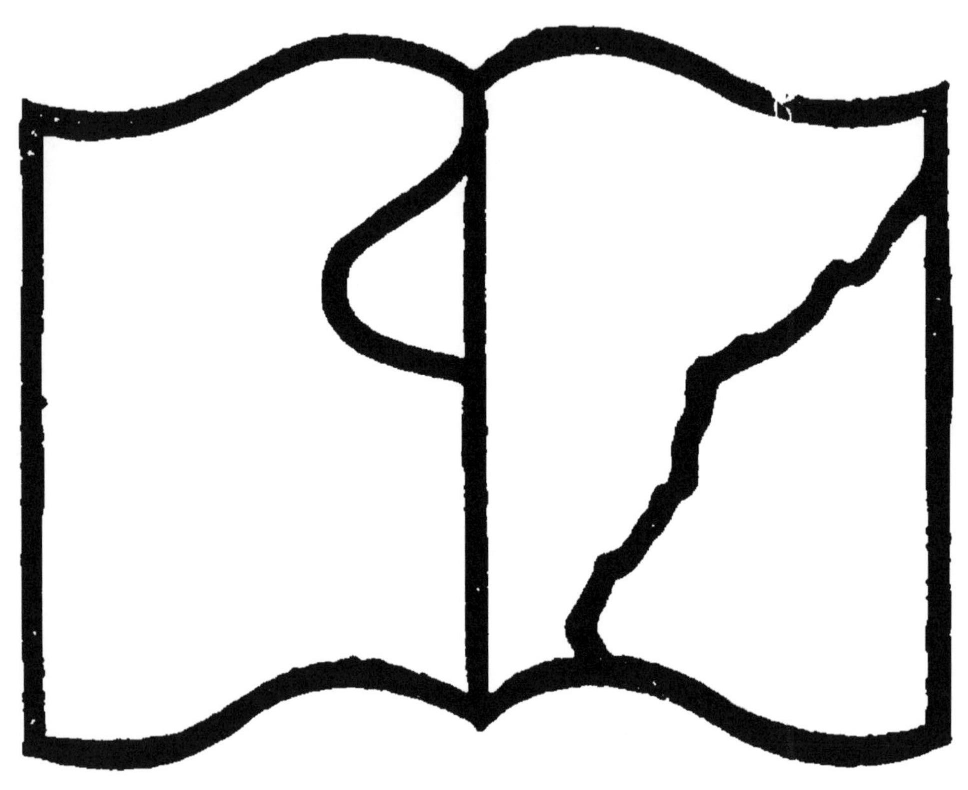

www.ingramcontent.com/pod-product-compliance
Ingram Content Group UK Ltd.
Pitfield, Milton Keynes, MK11 3LW, UK
UKHW020331230726
13925UKWH00002B/734

9 782013 414043